号《ごう》丸《まる》譚《たん》

心震わす船のものがたり

木原 知己 著

KAIBUNDO

プロローグ

大航海時代（Age of Great Navigations）（一五世紀〜一七世紀前半）はスペイン、ポルトガルなどの欧州人によって新航路や新大陸が発見された時代であり、その航海はキリスト教の布教もさることながら胡椒をはじめとする香辛料や金・銀などを求めたものでした—この大航海時代というとらえ方自体西洋を中心とした史観であり、たとえば、一四〇五年、明帝国（一三六八年建国）の永楽帝は威信を誇示すべく（朝貢貿易を拡大する意図で）鄭和（一三七一〜一四三四）に命じて西方海域の大掛かりな探索を行い、その船団の規模や旗艦の大きさはのちのヴァスコ・ダ・ガマ（一四六〇〜一五二四）のそれをはるかに凌駕していた—。

スペインとポルトガルはアジアの海をめざして覇を競い、一四九四年、ローマ教皇に頼ってトルデシリャス条約を締結するに至りました。このとき、スペイン女王イサベル一世の支援を受けたコロンブス（一四五一〜一五〇六）がすでに新大陸を発見（一四九二年）しており、トルデシリャス条約締結ののちスペインは西進政策を強力に推し進め、ヌエバ・エスパーニャ（現在のメキシコほか）を建国し、マゼラン（一四八〇〜一五二一）が世界一周を果たしました—マゼラン自身はマクタン島でラプラプ王との戦いで戦死—。一五七一年、マニラに拠点を移してガレオン貿易（一九世紀初頭まで）で巨利をもくろみ、その流れのなかで、一五八四年、平戸に来航し、一六〇九年、マニラを出た一隻のガレオン船が千葉県房総半島太平洋岸の御宿岩和田に漂着しました（第1

マゼラン艦隊とラプラプ王率いる軍との戦い
（マクタン島にあった絵の一部を筆者撮影）

話参照）。

　一方、ポルトガルはというと、国王マヌエル一世の命でヴァスコ・ダ・ガマが喜望峰廻りのインド航路を開拓（一四九八年）するやインド西海岸のゴアを首都とするポルトガル領インドを建国し、さらに東方をめざしました。そして、それは、寧波辺りを商域としていた後期倭寇（王直）と荒くれ者のポルトガル人が手を組む要因となり、のちに種子島漂着（一五四三年の鉄砲伝来（＝西洋による「日本発見」）、「種子島開発総合センター（鉄砲館）見学記」参照）、ザビエルの鹿児島来訪（一五四九年）へとつながっていきます。

　まさに、「日本の歴史は世界の歴史との兼ね合いで読み解かなければならない」という気がします。

　さて、本書『号丸譚』ですが、耳目に触れて深く感動し、ときに落涙し、ときに笑い、温かく癒される、そんな「船」にまつわる物語を紹介していきます。わたしは以前、日刊「日本海事新聞」に「波濤列伝」と題し、幕末・明治期に船で海外に渡った先人たちの話を連載しました――二〇一三年、『波濤列伝』として海文堂出版から出版――。そのときは、漂流、密航、留学、商売など、海外に渡ったいろいろな先人が居たものだと改めて痛感しました。それぞれにおもしろく、生まれ在所などを訪ね歩き、自伝や評伝などを読みすすめていくうち、あまり知らなかった人物がどんどんつながっていくのが望外の楽しみでした。一〇話ほどで終わるだろうと考えていたのですが、思いがけず多くの材料とめぐり合い、連載は想定をはるかに超えて長く続きました。三年にわたる連載を終え、つぎのテーマは何にしようかと考えあぐねていたとき、ふと、つぎは「船」そのものをテーマにしよう、サブタイトルとして「心震わす船のものがたり」はどうだろうか、と思い至りました。幕末・明治期に海外に渡った先人たちを運んだのは言うまでもなく船であり、船そのものに興味が移るのは必然だったのかもしれません。広大な海を航海する船は優麗なる姿を洋上にさらし、人や貨物だけでなく、乗り合わせた人々の夢、思想や知識―不世出の物理学者、A・アインシュタイン（一八七九～一九五五）がノーベル賞受賞を知ったのは、一九二二年一一月一〇日、日本郵船の「北野丸」の船上でのことだった―、ときとして人生までも運び、海難事故の当事者であり、生き証人でもあります。テレビアニメ「ONE PIECE」（尾田栄一郎作）のテレビスペシャル版「エピソード・オブ・メリー号―もうひとりの仲間の物語」を視たのも影響したかもしれません。ご存知の方も多いかもしれませんが、メリー号は海賊王をめざすモンキー・D・ルフィーとその仲間が乗る海賊船で、正確には「ゴーイング・メリー号」（GOING MERRY）と言います。ルフィー率いる海賊一味と航海を共にし、「そろそろ眠らせてやろう」という声が出るほどにぼろぼろになった「ゴーイング・メリー号」ですが、ルフィーたちが絶体絶命の淵に立たされたとき、有能な船大工の手によってよみがえり、仲間を救出するためひとり海に漕ぎ出るのです。「これが最後の航海」、と意を決し…。メリー号の熱い思いに心が震え、おもわず涙が込み上げてきました。

　いずれにせよ、わたしは「船」にまつわる心震わす話を集めてみようと思いつき、二〇一四年年初、その唐突な発意は「号丸譚」というタイトルで現実に動き出しました。タイトル名は、なぜかすぐに思いつきました。「号丸」は外国の船名を表すときによく使われる「号」と日本の船名に多く用いられる「丸」の合成語で、船を総称するためのわたしの造語であり、ほんの遊び心です。そして、この度、三年にわたる連載を終え、海文堂出版のご厚意で一冊の本にまとめることになりました。

　いま原稿を加筆修正しつつ、船にまつわる話もいろいろあったものだと改めて思っています。もちろん、本書が船にまつわる物語を網羅できようはずもありません。読者の方には、本書をほかの感動譚を聞き出す縁《よすが》にしていただければ存外の喜びです。

二〇一八年五月

木原 知己

目次

第1話

サン・フランシスコ号の漂着
命をつないだ海女の温もり

この本の執筆を思いついたとき――二〇一四年年初――、ふと、日本メキシコ交流四〇〇周年記念行事が千葉県御宿《おんじゅく》町にて盛大に行われたことを思い出した。（これだ、この行事にまつわる話からはじめよう）とひとり合点し、思い出したが吉日とばかりに記念行事の会場となったメキシコ記念公園へと向かった。

御宿町は日本三大海女地帯のひとつとされ――残るふたつは、志摩と輪島――、童謡「月の沙漠」のモデルとなった地としても知られている。さらさらと光輝く砂浜に建つ「月の沙漠」の像を右手に見ながら車輪を転がし、「ドン・ロドリゴ漂着の地」と書かれた案内板にしたがってハンドルをきると、海へと続く細い道の入り口に立つ説明書きが目に留まった。車を道路わきに停め、さっそく、目をとおす。

なるほど…あらかたの知識を脳におさめ、漂着したとされる海辺に至る小道に分け入った。

一六〇九（慶長一四）年九月三〇日夜半、前フィリピン諸島長官のドン・ロドリゴ・デ・ビベロ・イ・ベラスコ（一五六四～一六三六）一行、総勢三七三人を乗せた「サン・フランシスコ号」（San Francisco）がマニラからヌエバ・エスパーニャ（現在のメキシコ）のアカプルコをめざす途中で遭難し、現在の御宿町岩和田に漂着した――七月二五日にマニラを出た三隻の帆船のうち、「サン・アントニオ号」（San Antonio）のみが無事太平洋をわたり、「サン・フランシスコ号」が外房、残る「サンタ・アナ号」（Santa Anna）は豊後（現在の大分県）の臼杵に漂着した――。

「サン・フランシスコ号」の遭難は、暴風雨のせいもあるが、海図が不正確だったことが主因とされている。その証左に漂着した航海士は、「ここは日本ではなく、どこかの無人島だ」と考えた。

世に「大航海時代」とか、「地理上の発見の時代」と呼ばれる一五～一七世紀、ポルトガルやスペインをはじめとする欧州各国は活動の場を世界へと拡げ、彼らの乗る船はキャラック船からガレオン船へと変遷していった。「サン・フランシスコ号」も、そのガレオン船だった。ガレオン船は小さめの船首楼と一ないし二層の大きめの船尾楼を有し、船体を長めにすることで帆走するときの速度が速くなるよう工夫されていたが、その一方で航海の安定性に欠け、転覆することも多かった。

一五八四年、エスパーニャ（現在のスペイン）の船が九州の平戸に初来航した。が、それから間もなく、わが国は世界への扉を閉ざしてしまった。いわゆる、「鎖国」である。それでも、長崎をはじめ一部の港は特定の交易が許され――長崎は中国とオランダ、対馬は朝鮮、薩摩は琉球、松前はアイヌとそれぞれ交易が許された――、地理上の利便性から日本近海をさまざまな異国船が行き交い、そのうちの何隻かは自然の力に抗うことができずわが国の海岸に漂着した。とりわけ、エスパーニャによる、マニラとアカプルコを結ぶ航海中の遭難は多かった。というのも、二月末～三月中旬にアカプルコからマニラをめざすのは良いにしても、逆の行程、すなわち、六月下旬以降にマニラから日本近海まで北上しアカプルコをめざす場合、風雨猛々しい台風に遭遇する可能性が高かったのである。「サン・フランシスコ号」も、そうした犠牲の一例だった。

最初こそ慌てたドン・ロドリゴだったが、漂着した地が日本であると知って安堵した。一六〇八年、当時長官だったドン・ロドリゴは前年に暴挙に出たマニラ在住の日本人二〇〇人を故国に送還したのだが、そのことに家康が感謝しているはずだと彼は考えたのである。しかしそれは、彼の明らかな思いこみだった。

しばらくして、漂着者たちのもとに、五、六人の村人が集まってきた。異国船の突然の漂着に驚いたこともあるが、流れ着いた物を拾いあさろうと考えたのだ。室町時代に制定されたわが国最古の海事成文法である廻船式目では、生存者がない場合の漂着物は村落の公有とされ、積み荷の売却益は神社仏閣の造営費にあてることができた。ところが、「サン・フランシスコ号」の場合は生存者がいた。この場合、廻船式目、さらには豊臣秀吉が一五九二年に制定した海路諸法度によれば積み荷の所有権は生存者に帰属することになり——当時にあってこうした規定は世界の先端を行く良心的かつ画期的であり、現在の法律（水難救護法）でも漂着物の所有者が明らかでない場合は市町村長に引き渡し、明らかな場合は七日間に限ってその当人に直接返還することになっている——、本来、地元の人たちが積み荷に手を出すことは許されなかった。しかし、流れ着いた物をわが物とする慣習や考えは海の民に根付いていたと思われ、岩和田の村人たちがそうであったとしても何ら不思議ではない。海の民は、基本的に狩猟民族といっていい。ちなみに、わが物にせんと考えたのは、なにも岩和田の村人たちだけではなかった。スペイン船が漂着したことを知り、多くの人が方々からかけつけた——岩淵聡文『文化遺産の眠る海——水中考古学入門』化学同人（二〇一二年）五三頁に、三浦浄心なる人物が御宿に向かったという話が紹介されている——。いずれにせよ、岩和田の村人たちは生存者がいないか確認しに浜に出て来たのであり、かなりの生存者がいたことに大いに落胆したにちがいない。しかし、あまりの惨状に、彼らはおのずと同情の念を抱いた。同じ海の民としてのＤＮＡがそうさせた、と言っていいかもしれない。彼らは、おそるおそるロドリゴ一行に近づいた。村人に気づいたドン・ロドリゴは、日本人キリシタンを介し彼らに話しかけた。村人たちはドン・ロドリゴ一行の不幸を大いに憐れみ、女性たちは同情し涕泣《ていきゅう》した。

三七三人のうち五六人が溺死した。救出された三一七人を、岩和田の人たちは総出で三七日間にわたって介抱した。ドン・ロドリゴは大宮寺、それ以外の者は村人の家に分宿となった。村といっても三〇〇人あまりの小さな集落で、その生活は日々の糊口をしのぐのにも窮するほどだった。それでも、服やら、米、ナス、大根などの食料を惜しみなくドン・

ロドリゴらに与えた。さらには、寒さに震える巨躯を、多くの海女が己の肌で懸命にあたためた。その甲斐もあって一行は元気を取り戻し、そののち、徳川四天王本多忠勝の次男で二代目大多喜城主、本多忠朝の配慮で江戸へと向かった。

ドン・ロドリゴ一行は、二代将軍徳川秀忠、駿府（現在の静岡市）の家康と会見した。エスパーニャとの貿易をもくろむ家康は彼らを歓待し、一行をアカプルコまで送り届けるべく、外交・貿易顧問の三浦按《あん》針《じん》（英国人ウィリアム・アダムズ）――オランダ人司令官のジェームス・マーフ率いる船団の一員としてロッテルダムから極東をめざし、彼の乗った「リーフデ号」のみが、一六〇〇年四月二九日、豊後の臼杵に漂着した。同じ船に、ヤン・ヨーステン・ファン・ローデンステインも乗っていた――に船舶の建造を命じた。

出帆までの間、家康は配下の者に命じて京都や大坂を案内させ、さらには、僚船、「サンタ・アナ号」の様子を見させるため、一行を瀬戸内経由で臼杵へと向かわせた。

海女たちの肌の温もり（メキシコ記念公園内、筆者撮影）

按針が建造した一二〇総トンの木造船は「サン・ブナヴェントゥラ号」（San Buenaventura、按針丸）と命名され、一六一〇年八月一日、家康と秀忠の書簡とともに浦賀を出帆した。京都の商人、田中勝介ら日本人二三人―彼らは、太平洋をわたった（少なくとも記録のうえでは）最初の日本人である―をも乗せた船は、八七日をかけて太平洋をわたった。

翌年、セバスティアン・ビスカイノが、先の田中らを伴い答礼特使として来日した。ところが、任務を終え意気揚々帰路についたものの帰りの船が嵐に遭い、日本に引き返さざるを得なくなった。途方に暮れた彼は、キリスト教に理解のある仙台藩主、伊達政宗を頼ることにした。果たせるかな、不憫に思った政宗は新造船を約束し、のちに「サン・ファン・バウティスタ号」（San Juan Bautista、伊達丸。日本人が建造したはじめての洋式帆船）と命名されるガレオン船を建造した―現在、宮城県石巻市のサン・ファン館（宮城県慶長使節船ミュージアム）に同船の復元船が展示されている―。

一六一三年一〇月、政宗の命をうけた仙台藩士、支倉常長《はせくらつねなが》（一五七一～一六二二）は、帰途につくビスカイノと帆風を共にした。世にいう「慶長遣欧使節」（第一回目一六一三年一〇月～一五年八月）である。一行はヌエバ・エスパーニャ経由でエスパーニャ、ローマへとわたり、エスパーニャ国王フェリペ三世、ローマ法王パウロ五世に謁見した。彼らの目的は、ヌエバ・エスパーニャとの直接通商を得ること、フランシスコ会修道士の日本派遣を約束させることだった。しかし、日本人とエスパーニャ人の総勢一八〇人あまりがなした大意の航海は徒労に終わり、いつしか歴史の闇のなかに埋没し、明治の御代になってようやく岩倉使節団によって日の目をみる。

近くの小高い丘に車を駆ると、日本とメキシコの交流を記念する塔の天を指すさまが目に入ってきた。塔の案内文には、一九七八年一一月一日に来日したメキシコのホセ・ロペス・ポルティーリョ大統領がしきりに「エルマーノ！」と連呼したとある。「兄弟よ！」、ということらしい。塔のある丘から見下ろす海は陽光が静かにうねり、波と戯れるサーファーが点描のごとくに群れ、どこからか子供たちの笑い声が耳に届いた。

【参考文献】

千葉県高等学校教育研究会歴史部会編『博物館に学ぶちばの歴史』山川出版社（二〇〇二年）
中山理『日本人の博愛精神―知られざる感動の11話』祥伝社（二〇一一年）
村上直次郎訳註『ドン・ロドリゴ日本見聞録ビスカイノ金銀島探検報告』雄松堂出版（二〇〇五年）

歓迎・メキシコ海軍練習帆船クアウテモック号

記念すべき第1話で、ドン・ロドリゴ一行の漂着譚を取り上げた。一六〇九（慶長一四）年九月三〇日夜半、前フィリピン諸島長官のドン・ロドリゴ・デ・ビベロ・イ・ベラスコ一行、総勢三七三人を乗せたガレオン船、「サン・フランシスコ号」（San Francisco）がヌエバ・エスパーニャ（現在のメキシコ）のアカプルコをめざす途中で外房岩和田の浜に漂着した事件で、五六人は溺死したものの三一七人が助かり、冷え切った身体を海女さんたちが己の肌であたたため、貧しい暮らしぶりにもかかわらず食べ物や衣服を分け与え、あたたかくもてなしたという美談である。当のドン・ロドリゴはＹＵＢＡＮＤＡ（ユバンダ、岩和田のこと）のことを人口三〇〇人ほどの、全国中最も寂しくかつ貧しい村と記したが、村人たちのあたたかい心情に感涙し、彼らが同じ海の民であることを改めて思った。

　過日、東京虎ノ門界隈の本屋で、星野博美『コンニャク屋漂流記』という文庫本をみつけた。読売文学賞などを受賞したとあったが、正直、わたしはその著者のことを知らなかった。しかし、何分にもその書名には惹かれるものがあり、パラパラと頁をめくってみると、なんと、ドン・ロドリゴ、岩和田…といった見覚えのある単語が目に飛び込んできた。さっそく購入し、文体にやや違和感を覚えながら読み進めた。ちなみに、タイトルにある「コンニャク屋」は漁師の仲間うちで通用する屋号で、星野氏の先祖がかつて漁のほかにおでん屋をやっていたことからそう呼ばれるようになったらしい。当時の漁師は、漁だけで生計を立てられなかったのだろう。

　『コンニャク屋漂流記』は漁師の末裔である著者が自らの家名のルーツをたどっていくというドキュメンタリーで、驚いたことに、その著者の先祖は千葉県御宿町岩和田に縁があるという。また、著者に受け継がれている性格、嗜好が、花札などの賭け事を好むなど、「板子一枚下は地獄」を生き果せる海の民のそれであるという指摘もおもしろい──山の民と海の民の比較は受容的で忍従的な農耕民族（モンスーン型）と競争的あるいは競闘的な狩猟民族（沙漠型・牧場型）の対比とも考えられ、和辻哲郎『風土』や宮本常一の一連の著書と関連付けて考察するとおもしろい―。

『コンニャク屋漂流記』のなかで興味深い話のひとつが、歴史ある漁師を先祖に持つ岩和田の人たちがロドリゴの「前」とか「後」という時間軸で歴史を語るところである。徳川第何代将軍の治世とかではなく、四〇〇年以上も前のドン・ロドリゴの漂着が基準になっているのである。それだけ同地では、ドン・ロドリゴの漂着事件が驚天動地の事件として刻み込まれているのであろう―男連中が自分の妻や娘が真っ裸になって異国人を温める光景にいささか動揺し、なかには異国人と情を交わす若い娘もいたにちがいない―。

二〇〇九年六月一二日、ドン・ロドリゴ漂着四〇〇周年を祝うイベントの一環として、メキシコ海軍の練習帆船「クアウテモック号」（Cuauhtemoc）が同地にお目見えした。征服者コルテスと戦ったアステカ帝国第一一代君主の名を冠する一八〇〇排水トン、全長九〇・五メートル、全幅一二メートル、速度一一・三ノット、二六四人乗り組みの三本マストの「クアウテモック号」（一九八一年建造）が、横浜での開港一五〇周年イベントに参加したのち、晴海を経て御宿の沖に浮かんだのである。

月の沙漠のモニュメントが絹のごとき白砂に映える海水浴場近辺は、帆船を一目見ようとはるばるやってきた人でいっぱいになった。砂浜に沿った道路には車が溢れ、海に向かって設置されたベンチには地元や遠くから出向いてきたお年寄りらが腰かけ、双眼鏡などで珍しい外国の帆船に見入った。漁港はおびただしい数の大漁旗で彩られ、かつての賑わいを彷彿とさせた。メキシコ海軍の船員たちは地元漁師の船で陸にあがり、御宿の町を見下ろす小高い丘に建てられたメキシコ記念塔で黙祷を捧げ、そののち、マイクロバスで大多喜城―ドン・ロドリゴ一行も出向いた―に向かった。その一方で、先着三〇〇人の一般人が「クアウテモック号」の船内見学を楽しんだ。その日は町を挙げての歓迎ムードに包まれ、船員たちはその歓迎ぶりに驚きながらも喜んでいっしょにフイルムにおさまった。「あの布―大漁旗―はどこで売っているのだ」と、尋ねる者もいたという。

こうした光景を目の当たりにし、また、親族から自分の先祖が「ロドリゴの前」からここ岩和田にいると聞かされた『コンニャク屋漂流記』の著者は、岩和田がわがルーツであり自分の体に海の民の血が流れていると改めて感じた。そして、彼女はこの話にはまだ先があるのではと思い至り、御宿、房総の漁業が近世初

御宿の砂浜に建つ「月の沙漠」の像（筆者撮影）

頭（一七世紀初頭〜一八世紀中葉）同地にやってきた関西漁民の進出によって発展してきたという史実を知る。

当時、漁の技術は関西が抜きんでていた。あまりにも競争が激しく、また、そもそも多くの浜が元来貧しい土地柄ということもあり、かなりの漁民が黒潮にのって房総半島をめざした。彼らは房総の地に漁の技術を伝え、醤油づくりを根付かせた。いまでこそ千葉県銚子市は醤油で有名だが、元はといえば江戸時代初期、現在の和歌山県広川町出身の濱口儀兵衛が下総国銚子（現在の千葉県銚子市）で創業した廣屋儀兵衛商店（現在のヤマサ醤油）がその起こりとされる。ちなみに、その七代目当主が、「稲むらの火」で有名な濱口梧陵である。御宿に最初に来た紀州漁民は加太浦（現在の和歌山県和歌山市）の大甫七十郎という人物で、一六一六年、津々浦々鰯漁をしながら動くうちに房総勝浦にたどり着いた。

和歌山の漁師の話で言えば、日高郡美浜町三尾地区の漁師のことにも触れないわけにはいかない。安土桃山時代の終わり頃から関東・九十九里浜に出かけ、一六一六年あたりにその最盛期を迎えた。地引網による鰯漁でおおいに稼ぎ、地元（三尾）に財をもたらした。もちろん、房総半島の各湊に留まる者も多くいた。しかし、そこまでの礎を築いた彼らだったが、明治期以降は大阪南部の漁師との競争に敗れ衰退の一途を辿った。そんななか、三尾の漁師、工野儀兵衛が一八八八年、単身カナダに進出し―すでに、一八七七年、長崎口之津出身の永野萬蔵が同地に進出し、鮭漁に従事していた―、鮭漁に励んだ。そして、その報に触れた三尾のほかの漁師たちも同地をめざし、そこで稼いだ財は、いつしか三尾の村に「アメリカ村」なる洋風空間を作り上げた。

以上みてきたように、一七世紀初頭から一八世紀中葉にかけて、和歌山の多くの漁師が紀伊半島の最南端(串本沖)をまわり、さらに東をめざした。同じころ、マニラからヌエバ・エスパーニャをめざすスペインのガレオン船がそのはるか洋上を滑り、そのうちの一隻が偶然外房御宿の浜に漂着したのである。そう考えると、少なくとも当時の日本近海は決して閉ざされた海ではなく、海の民が国境なき海域をそれぞれにうごめき、歴史を織りなしてきたのだと合点がいく。徳川家康もそうした魅力にとりつかれたひとりで、メキシコとの交易に夢を描きつつ世を去った(一六一六年没)。

二〇〇九年六月一三日、「クアウテモック号」は御宿の人々に見送られ、メキシコをめざし三〇日間の航海に向け帆をあげた。

【参考文献】

星野博美『コンニャク屋漂流記』文藝春秋(二〇一四年)
木原知己『波濤列伝』海文堂出版(二〇一三年)

海女のこと

ロドリゴ一行が漂着した御宿は、石川県輪島、三重県志摩とならぶ日本三大海女の地として知られている。

御宿、志摩―二〇一五年一一月に「海女サミット2015 in 鳥羽」が開催され、日本各地および韓国の海女一五〇人が出席した―はさておき、ここでは輪島の海女について「筑前」との関連でみてみたい。

過日、福岡県在住の知人から、「散歩していたらこんな写真が撮れた」との知らせがあった。電子メールに添付されていたファイルを開いてみると、それは織幡神社境内に設置された「西日本海女の発祥の地」の碑の写真だった。その碑の説明文によれば、宗像市―二〇一七年七月、「『神宿る島』宗像・沖ノ島と関連遺産群」の世界遺産登録が決定した―の鐘崎は古くから海女の地として知られ、宗像市のウェブサイトでは、貝原益軒が『筑前国続風土記』のなかで「(前略)鐘崎、大島、波津、志賀島の村では、女の人が海女として働いている。特に、鐘崎の海女は漁が上手である」と書いたことが紹介されている。

筑前鐘崎海女の像（泊典嗣氏撮影）

潜水の技術に優れた彼女らは東は石川県輪島市（舳倉島）から西は壱岐、対馬、五島列島まで出稼ぎに出かけ、なかにはその地に移住する者もあった。まさに、鐘崎は「日本海沿岸海女の発祥の地」といっていい。江戸時代には三〇〇人もいたらしいが、ウェットスーツの開発、魚介類の減少などによってその人数は減り続け、いまでは後継者難に直面しているという。

海女の技法としては浅い海での「徒人（かちど）」、深い海での「舟人（ふなど）」があり、後者の場合、小舟に乗った男性がロープを操り海女の作業を手助けする（鳥羽市ウェブサイト参照）。

海女の仕事は語り継がれるべき歴史であり、文化といっていい。もっともっと、保存の必要性が叫ばれて然るべきであろう。

第2話　永住丸の漂流

「永住丸」（永寿丸、栄寿丸とも）は、一八四一年一〇月、酒、砂糖、綿などを積み奥州南部藩の宮古浦（現在の岩手県宮古市）をめざし神戸を出帆した。ところが、一一月下旬、大時化のため犬吠埼の沖合で遭難し、一三人の乗組員は四ヶ月もの間太平洋上を漂流した。

幸いにも、近くを通りかかったスペインの密貿易船（pirate ship）、「エンサージョ号」（Ensayo）に救助された。しかし、喜びもつかの間、彼らを待っていたのは奴隷にも近い扱いだった。

二ケ月後、どうにかバハ・カリフォルニア半島沖で解放され、メキシコの地を踏むことができた。一三人のうち七人は当地に残り、六人が一八四二年から一八四五年にかけてマニラ、中国経由で帰国の途についた―うち一人は中国の地に留まり、帰国したのは最終的に五人だった―。

一五一九年、カリブ海に浮かぶキューバ島を出発したエルナン・コルテス（一四八五～一五四七）率いるスペイン遠征隊は、のちにアステカ帝国を征服することになる一歩をメキシコ湾岸の地に標した―ベラクルスを建設―。同じころ、スペイン国王カルロス一世の支援を受けたフェルディナンド・マゼラン（一四八〇～一五二一）率いる五隻の艦隊がスペイン南部の港を抜錨した。南米最南端の海峡―のちに、マゼラン海峡と命名された―を通り、太平洋を横断、さらにはインド洋からアフリカ南端の喜望峰を通過し、一五二二年、漸うスペインに帰り着いた。世に、史上初の世界周航として知られる大航海である。ただし、当のマゼランはフィリピン諸島（マクタン島）での先住民との戦いで死亡し、実際に帰国できた船は「ビクトリア号」ただ一隻、乗組員は一八人だけだった。壮絶としか言いようがないが、彼らの持ち帰ったアジアの品々はスペインに莫大な富をもたらし、アジアへの航路開拓の契機になったことを考えれば、彼らの労苦は報われたのかもしれない。

一五二五年、スペインの港を二度目の遠征隊が発航した。しかし、マゼラン海峡で艦隊は離散し、辛うじてフィリピン諸島にたどり着いた乗組員たちも既にモルッカ諸島に進出していたポルトガル人の攻撃を受けるなど、その遠征は惨憺たる結果に終わった。一方で、先のコルテスによって中米の植民地化が進み、ヌエバ・エスパーニャ（Nueva España）から直接アジアを目指す遠征が計画され、一五二七年一〇月、それは実行に移された。しかし、同遠征もまた、さしたる成果なく終わった。

それから一五年ほど経った一五四二年一一月、次なる遠征が仕組まれ、翌年二月、ついにフィリピン諸島（ラス・フィリピナス諸島）への到達を果たした—フィリピンという名は、当時のスペイン皇太子（のちのフェリペ二世）にちなんで名付けられた—。苦難の末に、ヌエバ・エスパーニャからフィリピン諸島に至る航路が開かれたのである。しかし、逆の航路、すなわちフィリピン諸島からヌエバ・エスパーニャに帰る航路は何度かの挑戦によっても発見されることなく、そのうち計画すらされなくなった。

忘れ去られて久しいこの航路に再び熱い視線が注がれるのは、それから約二〇年後のことである。一五六四年一一月、ガレオン船二隻、平底船二隻、小型帆船一隻の計五隻の遠征隊が組織され、ヌエバ・エスパーニャの港を出帆した。翌年二月、総司令官と首席水先人ら総勢四〇〇人の乗組員はフィリピン諸島に到着、四月にはセブ島に上陸し同地を拠点と定め植民地化を進めていった。そして、同年六月一日、ヌエバ・エスパーニャをめざし、セブ島を後にした。一行は黒潮と南西からの風にうまく乗り、島々を縫うように北上を続けた。北緯四〇度線に達してからは北西の風をとらえて徐々に針路を東にとり、過酷な航海の末に一五六五年一〇月八日、ついにアカプルコへの入港を果たした。それは、フィリピン諸島からヌエバ・エスパーニャに帰る航路が発見された瞬間だった。

いったんアジアからヌエバ・エスパーニャに帰る航路が発見されると、貿易に向けた動きが一気に加速した。翌年（一五六六年）の五月にはガレオン船、「サン・ヘロニモ号」がアカプルコを解纜した。これが、いわゆる「ガレオン貿易」のはじまりである。一五七一年、スペインはポルトガルとの無用な衝突を避けるべくルソン島の一寒村だったマニラに新たな拠点を設け、アカプルコとの間を結ぶ航路を開いた。この太平洋を舞台とする貿易は、一八一五年に最後のガレオン船、「マガリャネス号」——マガリャネスはマゼランのポルトガル語発音——がアカプルコに入港するまでの約二五〇年間にわたり繰り広げられた。マニラからアカプルコまでは四〜六ヶ月を要する過酷な航海だったが、逆の航路は北緯一〇〜一四度の海域まで南西に進みそののち北東からの貿易風で一路アジアをめざすという航海で、フィリピン諸島までは五〇〜六〇日で到達できた——ただし、フィリピン諸島内をマニラまで進む航海はなかなか難儀であり、かなりの日数を要した——。ちなみに、天候や風向きを理由に、東航は六月末までに出帆し年内にアカプルコに着くよう予定が組まれ、西航は遅くとも六月末までにはマニラに着くよう日程が設定された。

さて、このあたりまで話を展開してくると、「第1話　サン・フランシスコ号の漂着」のなかにこの航路のことが出ていたと勘付かれたであろう。一六〇九年九月三〇日夜半、ドン・ロドリゴ一行、総勢三七三人を乗せた「サン・フランシスコ号」がアカプルコをめざす途中で遭難し、現在の千葉県御宿町岩和田に漂着した乗組員を村人総出で救助したという話である。それは、一五八四年、スペイン船が長崎の平戸に初来航し、また、一五九六年にはガレオン船、「サン・フェリペ号」が四国沖で難破し、翌年二月五日、乗船していたカトリック教フランシスコ会修道士ら二六人が豊臣秀吉の命によって磔刑に処されるという事件——「二六聖人の殉教」。二六人の内訳は、一五八七年のバテレン追放令に反抗した日本人二〇人、スペイン人四人、ヌエバ・エスパーニャ人、ポルトガル人各一人―があってしばらくしてのことだった。

一六二四年、日本はスペイン船に対しその門戸を閉ざすのだが、ガレオン貿易はその後も続き、航海回数、船の規模、積載する荷物や数量など細かく制限されながらも多くのガレオン船が日本近海を時計回りに航海し続けた。一八一五年、ガレオン貿易はついに終焉を迎え、一八二一年、ヌエバ・エスパーニャはスペインから独立した―メキシコ独立戦争。ちなみに、フィリピンは一八九八年にスペインの支配から脱した（フィリピン一八九八年革命）―。冒頭紹介した「永住丸」の遭難は、メキシコが独立してから約二〇年後である。帰国したのは、船頭の善助のほか、初太郎、亥之助、弥市、太吉の五人だった。彼らは各々取り調べをうけ、そののち故郷へと引き取られていった。彼らがもたらした海外情報は『海外異聞』、『亜墨新話』、『北亜墨利加図巻』、『海外異話』などにまとめられ、時代を開国へと誘《いざな》ううえで一役買ったであろうことは想像に難くない。

明治の御代となった一八七四年一二月、ディアス・コバルビアス率いるメキシコの金星日面通過観測隊が横浜野毛山に陣取った―拙著『波濤列伝』海文堂出版（二〇一三年）第20話参照―。観測を無事に終え、帰国したのちにコバルビアスがまとめたのが『メキシコ天体観測隊日本旅行記』である。彼はその書のなかで、日本とメキシコが国交を樹立するメリットを説いた。そして、その主張はそののち日墨修好通商条約交渉への扉を開き、一八八八年一一月三日、同条約は調印された。それは、わが国にとって諸外国と結んだ最初の〝平等〟条約だった―繰り返しになるが、日本とメキシコの交流自体は一六〇九年の「サン・フランシスコ号」漂着まで遡る―。

【参考文献】
たばこと塩の博物館「ガレオン船が運んだ友好の夢」（二〇一〇年）

第3話　奴隷船のはなし

ある混声合唱団で、何曲か歌う機会があった。音大出の女性指導者に「声が大きいですね」―決して〝良い〟ではない―と言われ、それだけの理由で低音部（バス）に組み入れられた。毎日曜日の朝練で（重）低音を吐き出し、本番では「アメイジンググレイス」など数曲を披露した。もちろん、「アメイジンググレイス」（Amazing Grace：すばらしき恩寵）が黒人霊歌であることは知っていた。しかし、そのときは低音部の旋律と英語の歌詞を覚えるので精いっぱいで、それ以上のことに考えが及ばなかった。

そののち、「アメイジンググレイス」の詞がジョン・ニュートン牧師（一七二五～一八〇七）の作であることを知った―作曲は未詳―。敬虔なクリスチャンだった母のもとで育ったニュートンは、七歳のときにその母が亡くなると父の関係もあって商船の船乗りになった。いつしか奴隷貿易にも従事するようになり、一七四八年、嵐のなか遭難し生死の境をさまよう。彼は人道にもとる世界に身を置いた過去を悔い改め、神に救いを求めた。

Amazing grace how sweet the sound
That saved a wretch like me.
I once was lost but now am found,
Was blind but now I see.

やっとのことで助かったニュートンは船乗りをやめ、牧師になる道を選んだ。そして、万感胸に迫るなか、一七七二年、「アメイジンググレイス」の詞を書きあげた。

深い考えもなく大声をはりあげて歌った「アメイジンググレイス」は、かつて船乗りだった牧師が奴隷貿易にかかわった過去を悔い、許しを与えてくれた神に感謝する詞だった。

二〇一六年末、新聞のスクラップ記事を整理していて、映画『アメイジンググレイス』（英、二〇〇六年）に関する記事（読売新聞「春秋」日付未詳）が目に留まった。『アメイジンググレイス』は、一九世紀初頭、奴隷貿易の廃止に生涯をかけた国会議員、ウィリアム・ウィルバーフォース（一七五九～一八三三）を扱った映画である。一六～一九世紀、英国を出た帆船が、大勢の奴隷をアフリカ西海岸からアメリカ大陸へと運んだ。奴隷商人たちはカリブ海の地、ブラジル、メキシコなどの農園主にそうした奴隷を売り渡し、代わりに綿花、コーヒー、たばこ、砂糖などを欧州に持ち帰り莫大な利益を得た。世界史の教科書にも出てくる〝三角〟貿易である。ウィルバーフォースは、こうした非人道的な貿易の廃止を訴えた。

The Trans-Atlantic Slave Trade Database「Voyages」によれば、一六～一九世紀（一五一四～一八六六）、一二五〇万人もの黒人奴隷がアフリカからアメリカ大陸に運ばれた――一八〇〇年前後がピーク――。たとえば、一航海三四〇〇人の奴隷を乗せた英国の帆船が、アフリカ西海岸からカリブ海の地（奴隷全体の約五一パーセント）、ブラジル（同三五パーセント）、メキシコ（同七パーセント）、北米（同四パーセント）などに向け帆をあげた。そうした奴隷の約六割は男性で、子供も二割ほどいた。航海中に自死や病気などで死ぬ者も、全体の一二パーセント――航海別でみれば八～三四パーセント――を数えた。

一例を挙げよう。ある日突然、英国の武器商人から銃などを手に入れた地元の集団が村を襲い、奴隷として金になりそうな少年・少女を連れ去り、その親、その他の無用な村人は皆殺された。家族と離れ離れになった幼い奴隷たちはあたかも輸出される貨物のようにアフリカ西海岸――セネガルの首都ダカールの沖三キロメートルのところにあるゴレ島は奴隷中継地として知られる（一九七八年世界遺産登録）―に集められ、アメリカ大陸に着いたのちは〝せり〟にかけられ、落札されると背中に焼き印を入れられてプランター（農園）へと引き取られていった。

英国の奴隷船として有名な「ブルックス号」(Brooks、一七八一年竣工、二九七総トン、三本マストの帆船）の場合、高さ一・五メートルの船倉に二人ずつ手枷、足枷された奴隷が詰め込められた。その数、五〇〇～六〇〇人。そのため、奴隷ひとりに与えられた空間は、縦四〇センチメートル、横八〇センチメートル、長さ一八〇センチメートルという狭さだった。必然的に反乱や諍いが頻発し、その度に首謀者が見せしめとして首をはねられた。衛生面のひどさは筆舌に尽くし難いもので、赤痢や熱病に罹患する者も多かった。航海の途中で病気にかかろうものなら生きたまま海に投げ込まれ、サメの餌食にされた―そのことを知っているサメは、奴隷船のあとをどこまでもついてきた―。

さて、映画『アメイジンググレイス』の主人公、ウィルバーフォースのことだが、「アメイジンググレイス」の詞に励まされ、四面楚歌のなかで孤軍奮闘する。そして、その労は漸う報われ、一八〇七年、奴隷貿易廃止法が成立した―ちなみに、フランスは一八一七年、スペインでは一八二〇年に類法が成立した―。

同法制定に至る過程では、一七六七年のG・シャープとD・ライルの法廷闘争―G・シャープが路上に放置された奴隷を保護し、そののち、その奴隷をかつての主人、D・ライル（バルバドス島の法律家）が発見。両者の間で、脅迫暴行罪か他人財産不法留置罪かで争われた。結局、G・シャープが勝訴―、一七七二年のサマセット事件―主人から逃亡した奴隷、サマセットの扱いをめぐっての裁判―、一七八一年に起きたゾング号事件などで奴隷貿易が社会的に注目されるようになった―そこには、ワットが発明した（一七六九年）蒸気機関によって奴隷が賃金労働者となり、あげくは消費者になっていったという社会的事情もあった―。

ちなみに、一七六七年と一七七二年の事件は奴隷の自由権と主人の財産権の争いだったが、ゾング号事件はやや趣を異にしている。一七八一年九月六日、一〇七総トンの「ゾング号」(The Zong)が、コリングウッド船長の指揮のもとギニア湾のサントメ島からカリブ海のジャマイカめざし帆をあげた。本船には、四七〇人もの黒人奴隷と白人乗組員一七人が乗っていた。船内環境は劣悪で、多くの奴隷が罹病し、〝商品〟価値が失われる事態となった。船長以下で話し合いが持たれ、あろうことか投げ荷(奴隷を海に投げ込むこと)したほうがいいということになった。奴隷ひとり当たり三〇ポンドの保険が付保されていたからであった――ちなみに、本船船長の月給は五ポンドだった――。船長らは、水が不足したための止むに止まれぬ措置だったと主張した。それは共同海損の保険適用であり、投げ荷すれば保険金で商品価値は回復するであろうというおぞましい発想だった。航海途次の一一月二九日、病に伏せる奴隷五四人が〝投棄〟された。さらには、一二月一日に四二人、ジャマイカに着いた九日には二六人がその対象となった。目の前で起こる凄惨な光景に絶望した一〇人が自ら海に身を投げ、それでなくても病で既に六〇人以上が死んでいた。すなわち、一回の航海で白人七人を加えた二〇〇人以上(乗船者の四割強)が犠牲になり、そのうち、一二二人が生きたまま海に投げ込まれたことになる。

ゾング号事件は衝撃的な奴隷殺人事件だったにもかかわらず、刑事事件としては扱われず――先のG・シャープらが刑事事件として争おうとしたが、結局、それは叶わなかった――、保険会社と船主(奴隷船のオーナー)の間の民事裁判として争われた。一審は船主側が勝訴し、控訴審(王座裁判所)では奴隷は馬と同等とされ、共同海損を理由とする保険金を払う必要はないという判決が下された――一七九一年、議会は同類事案における保険金支払いを禁止した――。

以上みてきたような事件が、社会の目を黒人奴隷貿易禁止へと向けさせる契機となったのは先述のとおりである。そしてようやく、奴隷貿易に法の網がかかった。もちろん、だからといって、黒人奴隷が完全な平等、自由を手に入れたわけではない。それでもそれは、あるべきムーブメントに一筋の光明を与えた。自由を手に入れた一部の黒人奴隷たちは、再出発の機会を模索した。たとえば、一八二〇年、黒人奴隷のための祖国再建を支援する米国植民地協会などの尽力もあって、八八人の奴隷を乗せた小さな商船「エリザベス号」がニューヨークを発ち、シエラレオネをめざした。一八二二年、彼らは現在のリベリア（Republic of Liberia）に初上陸した。リベリアの名は、ラテン語のliberに由来し、それは、英語のliberal、libertyと語源を同じくする―ちなみに、リベリアは一八四七年に独立し首都をモンロビアと定めるのだが、それは、当地上陸時の米国大統領、J・モンローからとったものだった―。

【参考文献】
The Trans-Atlantic Slave Trade Database（http://www.slavevoyages.org　最終アクセス二〇一七年一月二一日）
児島秀樹「英国奴隷貿易廃止の物語」経済学研究紀要（明星大学）（http://www.hino.meisei-u.ac.jp/econ/koma/koji/_t1kXTnD.html　最終アクセス二〇一七年一月二一日）

第4話　捕鯨船エセックス号の惨劇

　鳥島に漂着したジョン万次郎こと中浜万次郎（一八二七〜九八）が助かったのは、捕鯨船が偶然その近海を航海していたからである。

　一九世紀、灯油や蝋燭の原料になる鯨油を求め、日本近海には多くの捕鯨船が行き交った。ピーク時（一八二〇〜五〇）には年間七〇〇〜一万頭ものクジラが捕えられ、その多くは体重五〇〜六〇トン―オスの場合。メスはオスの約半分―、体長約二〇メートル、脳の大きさは人間の約六倍というマッコウクジラ（sperm whale）―腸内に竜涎香《りゅうぜんこう》という一種の香料を分泌することから「抹香鯨」ともーであった。コツコツ…と毎秒二回規則正しい音を発することから〝carpenter fish〟とも呼ばれるマッコウクジラは、当時の西洋社会にとってなくてはならない存在だった。しかし、それはあくまでも灯油や蝋燭の原料としてであって、食用とされることはなかった。今回紹介するのは、そうしたマッコウクジラに沈められた捕鯨船の話である。一九世紀もっとも有名な海難事件のひとつとされ、H・メルヴィルの『白鯨』のモデルにもなっている。

　一八一九年八月一二日、米国マサチューセッツ州ケープコッドの南に位置するナンタケット―Nantucket。人口七〇〇〇人ほどの町で、当時、捕鯨の一大拠点となっていた―の港で、捕鯨船「エセックス号」（Essex）の船主が、二八歳の若きジョージ・ポラード・ジュニア船長（G. Pollard, Jr.）に向け次のように話しかけた。

「太平洋に向けて航海するように！」
「鯨油をとるように！」
「鯨油を十分とったらすぐに帰港するように！」

「違法な商取引をしないように！」

「短期間で首尾よく終えるように！」

　偏西風にのって東に進み、そののち北東からの貿易風を受けて南下、赤道無風帯を抜け、南米最南端のホーン岬を廻って太平洋へと至る、というのが「エセックス号」の航海プランだった。

　一七九九年竣工の老齢捕鯨船は程良い風を帆に受け、意気揚々出港していった。ところが、突然の嵐が同船の行く手を阻む。出帆して三日目の一五日、「エセックス号」は猛威を振るう自然を前になす術もなく転覆。左舷に備えられていた二隻のホエールボートも流されてしまった。

「もはや航海を続けるのは無理だ。引き返そう」

　ポラード船長は、一等航海士のオウエン・チェイスに伝えた。しかし、冒険をいとわぬチェイス一等航海士は、「いや、船長。ホエールボートを一隻購入し、このまま航海を続けましょう」と、主張した。残った三隻のホエールボートと合わせると何とかなる、とチェイスは考えたのである。

「…たしかに、ここで引き返したら海の男の名折れだ。わかった」

　出港間もなく転覆しおめおめ帰港するなど、海の男のプライドが許さなかった。ポラード船長は、一等航海士の主張を受け入れた。

　ティエラ・デル・フエゴ最南端のホーン岬近海は波濤渦巻く危険な海域であり、「エセックス号」は通過するのに一ヶ月以上を要した。

「あれを見ろ。クジラだ！」

　艱難辛苦を乗り越えた「エセックス号」の乗組員たちに、神は褒美を与えた。ペルー沖に至るやクジラの群れを発見し、彼らはマッコウクジラを五日に一頭のペースで捕獲することができた。まさに、神のお恵みだった。ちなみに、この海域は、そののち（一八三五年九月）、進化論で知られるC・R・ダーウィン（一八〇九～八二）が英国海軍の測量船「ビーグル号」（HMS Beagle）で到着したガラパゴス諸島の近くであり、同じ頃、米国西海岸のフラッタリー岬に漂着した尾州廻船「宝順丸」の三人（岩松（岩吉）・久吉・音吉）が英国船「イーグル号」でハワイ経由ロンドンをめざし南下している――一八三五年六月六日ロンドン着――。

「エセックス号」の乗組員たちは、大いに盛り上がった。しかし…。一八二〇年一一月二〇日午前八時、ガラパゴス諸島の西約二八〇〇キロメートル、赤道からわずか七五キロメートル南の地点において、体長二六メートル、体重八〇キログラムはあろうかという巨大なオスのマッコウクジラが「エセックス号」の左舷に体当たりしてきた。普段はおとなしいマッコウクジラがそうした行動に出ること自体珍しいのだが、それは群れを守ろうとしてのことだったのかもしれない。

「クジラにやられた！」

「マストを切れ！」

「食料と水を運び出せ！」

船内は騒然となった。縦一五センチメートル×横三〇センチメートルの太い竜骨、全長二六・七メートル、幅七・三メートル、二三八総トン、外板はホワイトオーク材、喫水線から下は銅でカバーされた三本マストの船体は、斜度四五度に大きく傾いた。

「この船はもうだめだ。全員、ボートに乗り込め！」

ポラード船長は、全員退避を命じた。ナンタケット出身者九人、それ以外の白人五人、黒人六人の計二〇人の乗組員が、三隻のホエールボートに乗り移った。各々のボートには、堅パン九〇キログラム、水二四六リットル、ウミガメ二匹が分け与えられた。それぞれに簡易マストを二本こしらえ、それに帆をはり、一行は天命に身を任せた。

命からがら持ち出した羅針盤、航海学のハンドブック、象限儀（天体高度観測器）を頼りに、彼らは西をめざした。しかし、結果論に過ぎないが、正しくはタヒチ島をめざすべきだった。判断を誤り、漂流した彼らがたどり着いたのは、チリ沿岸までは約四八〇〇キロメートルも離れた無人のサンゴ礁の島、ヘンダーソン島だった。

船長らの脳裏を、一八一六年七月に起きたフランス帆船「メデュース号」の悲劇がよぎった。一五〇人の乗員乗客を乗せて西アフリカのセネガルをめざすうち、「メデュース号」はその沖合で座礁し破船した。一五〇人は急ごしらえの筏に乗り換え、一路陸地をめざした。一三日もの間漂流し、結局、生き残ったのは一五人だけだった。脱水症状にくわえ、極度の飢えが故のおぞましき食人（カニバリズム）…。画家テオドール・ジェリコが『メデュース号の筏』（フランス・ルーブル美術館蔵）で描いたように、その漂流は凄惨をきわめた。そうした地獄絵図を、「エセックス号」の乗組員はみずからの近未来図と重ね合わせたにちがいない。

ヘンダーソン島で三人が死んだ。

一二月二七日、彼らは意を決し、南米大陸めざし陸を離れた。案の定、漂流生活は想像を絶するものだった。喉の渇きもさることながら、飢えに滅法苦しめられた。間断なく迫りくる塗炭の苦しみ…日に日にやせ衰え、無気力感が一行を支配していった。

一八二一年一月二〇日、黒人のひとりが死んだ。そのとき、三隻のうち一隻の姿が見えなくなっていた。二隻に乗り合わせた一〇人は、すでに正常な精神状態になかった。彼らにとって、横たわった死体はもはや食料としてしか映らなかった。極限の状況にあって抑えきれないカニバリズムの衝動、それは人としての倫理の限界との闘いと言ってよかった。

ちなみに、通常、成人の肉の重さは約三〇キログラムとされるが、すでに〝肉塊〟と化したその黒人の場合、飢餓と脱水により一三キログラムほどしかなかった。それでも、貴重な食料であることにちがいなく、彼らは内臓を取り出し、肉片を切り取り、それらを火であぶって胃袋におさめた。それは、二日後に死んだ黒人のときも同じだった。

食人の対象は死人だけでなく、生きた人間へも向けられるようになった。彼らは、くじ引きでその獲物を決めた。ある日、くじ引きが行われた。〝みごと〟くじを引き当てたのは、ポラード船長のいとこにあたる、一八歳のオウエン・コフィンだった。そして、何の因果か、彼ともっとも親しかった人物が、その〝獲物〟を銃で撃つという後味の悪い役を引き当ててしまった。コフィンは親に宛てた別れの手紙に、「くじ引きは公平なものだった」と書いた。内臓や肉は言うに及ばず、骨を砕き、全員が骨髄をすすった。

以上、おぞましい光景としか言いようがない。しかし、これが人間の究極の姿と言われれば、反論する術を知らない。結局、「エセックス号」の生存者はたったの五人、全員がナンタケットの出身者だった。

この事件ののちも、ポラード船長は次なる捕鯨のための帆をあげた。しかし、いかなる運命かふたたび難破し、彼を除く乗組員全員が海の藻屑と消えた。老いてのち、彼は夜警になった。ポラード船長に航海を続けるよう進言したチェイス一等航海士は、そののちも捕鯨船の航海士を続けたものの発狂のうちにその生涯を終えた。

「エセックス号」の惨劇、それは空恐ろしい海難の話である。

【参考文献】
N・フィルブリック著、相原真理子訳『復讐する海―捕鯨船エセックス号の悲劇』集英社（二〇〇三年）

第5話

尾州廻船宝順丸の漂流
「にっぽん音吉」ものがたり

拙著『波濤列伝』のなかで「この男、じつにおもしろい」と題して〝にっぽん音吉〟（J・M・オットソン（John Matthew Ottoson）、一八一七？～六七）をとりあげ、その後も何かと気になっている。音吉…その波乱万丈の生涯は大いなる魅力にあふれているが、スポットライトがあたることはほぼ皆無と言っていい。日本人で最初にロンドンの地を踏んだ人物、日本人で最初に聖書の和訳に協力した人物、日本人で最初にシンガポールに定住した人物、日本人で最初に英国に帰化した人物…その人物像を拾い上げれば枚挙にいとまがない、にもかかわらずだ。一介の水主だった少年が英語を会得し、その才を認められ、故国に裏切られても——一八三七年、米国商船「モリソン号」で帰国しようとして砲撃を受け、帰国はかなわなかった（モリソン号事件）——アイデンティティを失うことなく、英国の商社（デント商会）の上海支配人を務めあげ、同じ境遇におちいった漂流民の帰国を数多く手助けし、さらには、日英和親条約交渉においては英国側の通訳までこなしたのであり、快哉をさけびたくなって然るべきではないか。

音吉のことを調べていくと、綺羅星のごとき出会いの多さに驚かされる。たとえば、文久遣欧使節団の一員であった福沢諭吉や森山栄之助は音吉が晩年を過ごしたシンガポールの地でその奇天烈な体験を耳にし、音吉が語る異国事情に大いに触発された。また、米国に日本人として最初に帰化した浜田彦蔵（ジョセフ・ヒコ）との出会いは、同じ漂流という運命がなせることであった。

音吉についての話は尽きないが、ここではこれ以上触れない。ご興味のある方は、三浦綾子『海嶺』や吉村昭『海の祭礼』などをお読みいただきたい―拙著『波濤列伝』にも目をとおしていただければ望外のよろこびです―。何にしてもわたしは、尾州廻船「宝順丸」のことも含め音吉について改めて調べてみたいと思った。そんな折、愛知県知多郡美浜町に「音吉顕彰会」なる会員組織があり、精力的に活動していることを知った。さっそく、同会のホームページにあるメールアドレスに宛てていくつかの質問を送付した。すると、すぐさま、同会役員で事務を担当されている森田香子氏から懇切丁寧な返信がきた。そこには少しも迷惑に感じる風はなく、「本会の齋藤（宏一）会長から回答させていただきますが、時間を要する点はご了解ください」と書かれてあった。わたしは居ても立ってもいられず、愛車を駆り美浜町を訪ねることにした。

幸いなことに、五月最後の日曜日の午前中に会っていただけることになった。

場所は、齋藤会長のご自宅。美浜町長を四期（一九九一年四月～二〇〇七年三月）務められた

大変お世話になった音吉顕彰会の齋藤会長ご夫妻（筆者撮影）

氏―『百姓の見たソ連』という著書がある―のお宅は、歴史を躯体に背負っていた。家格とはかくなるものか…そんなことを思いながら、氏に勧められるままに靴を脱いだ。正座して当方の来訪趣旨を告げるや、「音吉に興味を持ってくれるのはうれしいが、音吉について調べるならまずはここ（音吉顕彰会）に来んといかんわ」と笑みを含んだ声が返ってきた。氏の口を衝いて出てくる話はすべてがおもしろく、示唆に富み、浅薄な知識しか持ち合わせていない当方の目からは鱗が落ちることしきりで、時間はあっという間に過ぎていった。

　小野浦の樋口重右衛門が船頭を務める尾州廻船「宝順丸」（一五〇〇石積み）は、一八三二年一一月三日、名古屋で米、地酒、陶器などを積み込み、鳥羽浦に寄ったのち江戸をめざした。乗組員は、重右衛門のほか、六右衛門（岡廻りまたは賄《まかない》）、仁右衛門（水主頭《かこがしら》または親仁《おやじ》）、岩松（楫取《かじとり》（表《おもて》とも）。のちに岩吉と改称）、勝次郎（炊頭《かしきがしら》）、利七、辰蔵、政吉、三四郎、千之助、常次郎、吉次郎（以上、水主）、久吉、乙吉（以上、炊。乙吉は吉次郎の弟で、のちに音吉と改称）の計一四人。船頭はいまでいう船長だが、商取引の責任者でもあり、必ずしも航海術に長けているとは限らなかった。船頭に次ぐ地位が楫取、岡廻り、水主頭の三役と呼ばれるもので、いまでいえば、オフィサー（航海士）といったところであろう。しかし、この当時、三役になるために免状を取得する必要はなく、経験と知識のみが通用するたたき上げの世界だった。楫取はいわば航海長で、運航全般に関する責任者である。岡廻りは帳簿をつけるほか商い全般の事務回りを担当し、水主頭は若い水主をとりまとめ甲板作業全般を仕切った。これらの三役の下に、水主と炊がいる。水主は若衆《わかしゅ》とも呼ばれ、船内労働全般を分担した。炊は食事担当兼雑用係で、一番の年若がつくのが常であり、下積みとして実績を積み、ゆくゆくは船頭、船主になるのを夢とした。

　駿河湾沖に至るや西からの大風に舵が壊され、迷ったあげくに帆柱を切り落とし、「宝順丸」は暗い闇のなか海をさまよった。太平洋上を、来る日も来る日も漂い続けた。飲み水は、ランビキで海水を蒸留するか雨水でしのいだ。しかし、栄養失調だけはどうしようもなく、仲間が次から次に斃れていった。それは、壊血病と呼ばれる、船乗りたちがもっともおそれる病だった。

一四ヶ月間漂った果てに、「宝順丸」は米国北西岸のフラッタリー岬に漂着した。生存していたのは、岩松（岩吉）、久吉、乙吉（音吉）の三人（のちに、〝三吉〟と称される）のみ。弱りきっていた三人は米国インディアンのマカ族に保護され―奴隷にされたという話もあるが、齋藤会長曰く、「親近感を感じたマカ族によって保護されたのであり、決して奴隷にされたのではありません」。流れ着いたものはすべてわが物であり、マカ族もまた彼ら三人をごく自然に受け入れ、働かせたのであろう―、そののち、英国の会社（ハドソン湾会社）に救出され、サンドイッチ諸島（ハワイ諸島、上陸はできなかった）、ロンドン、マカオをめぐり、先述したようにモリソン号事件の憂き目に遭った。

齋藤会長のお話が終わり一息ついたとき、時計はすでに午後一時をまわっていた。「近くにおいしい

音吉（満海寂圓信士）ほか宝順丸乗組員の墓がある良参寺（筆者撮影）

岩吉久吉乙吉頌徳記念碑（三吉記念碑、筆者撮影）

スリランカカレーの店があるけど、いっしょにどうですか？」と、氏がランチに誘ってくれた。おすすめと言われるだけあって、五月の陽光とさわやかな海風のなかで食するカレーはおいしかった。

その後、齋藤会長に、美浜町の有形文化財に指定されている野間郵便局旧局舎―先の森田氏が局長を務める―、「宝（寶）順丸乗組員一四名の墓」がある良参寺―住職に歴史を感じさせる寺の内部を案内していただいた―、三吉記念碑などの音吉ゆかりの地を車で案内していただいたが、その車中での話はじつに愉快だった。「音吉が林阿多（リン・アトウ）という中国人名で日本を訪ねた折、勝海舟だけは音吉を日本人と見破った。なぜかというと、音吉がある船をさして「あれは塩舟だ！」と叫んだからです。中国人にそんなことわかるはずありませんからね」、「音吉は四九歳で病死したとされていますが、音吉があまりにも英国内事情に通暁していたために英国側の誰かに暗殺されたのかもしれない」…。

う～む、じつにおもしろい…ところで、ここは？わたしが感心しきっているうちに車は山中の細い道

上空から知多半島（右手前）、鳥羽方面（右奥）、渥美半島（左）を望む（筆者撮影）

を駆け上がり、広い農場らしき場所に停まった。「ここはわたしの農園です」と、氏はこともなげに言った。そして、ビニールハウスを大きくしたような施設を指さした。それは、氏自らの手で建てた、広さ一六〇畳はあろうかという太極拳道場だった。

良い取材ができたとの充実感を覚えながら、美浜町からの帰途についた。知多半島を南北に走る有料道路は渋滞することなく、ハンドルを握りつつ尾州廻船が往来したであろう伊勢の海のことを思った。

第6話　ディアナ号の大津波罹災
こころ温まる日露のきずな

日露戦争（一九〇四〜〇五）の真っただ中、投降したロシア兵を村民総出で救出するという出来事があった。

東郷平八郎率いる連合艦隊は、ロシアが誇るバルチック艦隊と海戦（日本海海戦）を繰り広げていた。その世紀の一戦のさなかの一九〇五年五月二八日、バルチック艦隊の特務艦「イルティッシュ号」が島根沖で航行不能となった。やむなく陸地から二海里のところでボート六隻に分乗し、現在の江津市の海岸をめざした。二六五人の乗組員が、大挙して浜に近づいてきた。驚いたのは、当地の村民たちである。（すわ、ロシア兵が攻めてきた）…しかし、それが投降とわかるや、彼らは総出で遭難者を救助した。大波のなか、男たちは素っ裸で海に飛び込んだ。女たちは裾をまくって救助に奔走し、懸命に介抱した。

重傷者一三人、軽傷者一五人。二六五人は敵国兵として捕虜となったが、村人たちは彼らを冷遇することなく、献身的に看護した。そんな村民たちの姿を目の当たりにしたあるロシア兵は、「日本人は誰もが親切にしてくれ、非常にありがたかった」と、のちに涙を流しながら語った。

日本人がロシア人遭難者を人道的に救った話はほかにもある。やや時代をさかのぼるが、今回紹介する「ディアナ号」の例もそのひとつである。

ペリーが特使として日本に派遣されることを知ったロシアは、プチャーチン海軍中将を遣日使節として派遣した。英米などの捕鯨船についての情報を得るとともに、アラスカ、カムチャッカおよび極東地域で活動するロシア船に薪水や食料を供給するための開港、さらには、日本政府が外国に開放した港に通商目的でロシア船が入港することを認めさせること、などがその主たる目的だった。

一八五二年一〇月、ニコライ一世が見送るなか、三本マストの戦闘用木造帆船「パルラダ号」(一八三二年建造)がロシアのクロンシュタット港を後にした。その後、長さ約五三メートル、幅約一三メートルの老朽船は英国のポーツマス港でプチャーチンを乗せ、英国から購入した「ボストーク号」を従えると、ジャワ島、香港などを経由し小笠原群島父島の二見港へと向かった。

「オリバーツ号」、「メンシコフ号」と合流し四隻船隊としたプチャーチンは、一八五三年八月、長崎へと針路をとった。ロマノフ王朝の紋章、「双頭の鷲」とともに乗りこんできたロシア使節を、幕府側は長崎奉行、大澤豊後守が応接した。しかし、会談は思うようにはすすまない。そうこうするうち、プチャーチンはクリミア戦争情勢の急変を受け、ロシア領沿海州へと移動していった。

情勢が落ち着くと、プチャーチンは「パルラダ号」の代替船である「ディアナ号」――一八五二年建造の三本マスト木造フリゲート船。長さ約五三メートル、幅約一四メートル、二〇〇〇排水トン、大砲五二門を搭載する。ちなみに、同名の船に、一八〇七年建造のスループ船(一本マスト縦帆の帆船)がある。一八一一年、国後島で幕府に捕縛されたゴロウニンが乗船していたことで知られ、また、一八一〇年に「歓喜丸」でカムチャッカ半島に漂着しイルクーツクに移されていた久蔵が、一八一三年に箱館まで乗船している――に乗り換え、ふたたび日本をめざした。このとき、敵国に拿捕されることを恐れ、「パルラダ号」は焼却された。

「ディアナ号」はインペラートル湾を離れ、単独、箱館に入港した。しかし、箱館奉行に交渉の権限がないことを告げられるや、やむなく大坂(現在の大阪)に向かった。京都に近づくことで、幕府に圧力をかけようと考えたのである。太平洋岸を南下し、大坂天保山沖に停泊した。果たして、大坂と京都は大混乱に陥り、大坂奉行は長崎または下田に向かうよう伝えた。

プチャーチンは下田へと舵を切った。大坂のときと違い、下田はそれほど大騒ぎにならなかった。すでにペリー艦隊が鮮烈な印象を残しており、ほかにも、第一次プチャーチン来航時の船隊に加わった「メンシコフ号」が、一八五二年、漂流民を乗せて入港していた（メンシコフ号事件）からであろう。

　下田からの報告を受け、勘定奉行川路《かわじ》聖謨《としあきら》が当地に向かった。一八五四年一二月二二日、第一回目の交渉が行われた。ところが、その翌日、大地震が日本を襲う。世に知られる安政東海大地震である。震源地は駿河湾から遠州灘沖、マグニチュードは八・四と推定された。この地震と津波で下田は壊滅的な損害を被り、被害は「ディアナ号」にも及んだ。乗組員ひとりが死亡、ふたりが負傷し、竜骨の一部がもぎとられ、舵を失った。幕府は、急きょ下田に修理地を用意した。しかし、津波の再来を恐れたプチャーチンは、交戦中の敵国から見つかりにくいということもあり、天然の良港、戸田《へだ》を探し当てた。

　「ディアナ号」は戸田をめざした。しかし、折からの強風に難渋し、船は海上を漂った。幕府が救助用に六〇〇石積みの船をさしむけるも浜に打ち上げ

プチャーチン像（富士市三四軒屋緑道公園、筆者撮影）

られ、「ディアナ号」は大破してしまった。万事休すか…と思われたそのとき、ふたりの士官と六人の水兵が「ディアナ号」に綱を結わえつけ、荒れ狂う海へと小舟を漕ぎ出だした。

そのころ、海岸では、多くの村人たちが体に綱を巻きつけ、必死の形相で待機していた。そして、彼らの思いが天に通じ、「ディアナ号」乗組員全員が救われた。同船の司祭長、マホフは、「善良な、まことに善良な、博愛の心にみちた民衆よ！この善男善女に永遠に幸あれ」と、最大限の謝辞をおくった。

こうして、五〇〇人ものロシア兵は救われた。村人たちは急いで納屋と日除けをつくり、ござ、毛糸や綿入れの服、履物、米、酒、魚、卵、蜜柑などを持ち寄った。着ていた服を凍える水兵らに与える村人もいた。地震、津波で絶望の淵にあった村人たちの心温まる行動に、ロシア側はただただ涙を流し感謝した。「ディアナ号」の戸田への曳航も再開された。しかし、自然の猛威には抗えず、ついには沈没してしまった。

同船の働きは、一八五五年二月七日、悲願の日露和親条約締結という形で報われた。それは、常に友好的であろうとするプチャーチンと、彼が「ヨーロッパ中のいかなる社交界に出しても一流の人物たり得る」と評価した川路がいたからこそ実現したものだった。

大任を終えたプチャーチンは、帰国するための代艦の建造を願い出た。攘夷論、開国論渦巻くなかにあって幕府はこれを受け入れ、国際信義に基づいて建造を許可した。建造場所は戸田に決まり、韮山《にらやま》代官の江川太郎左衛門が建造取締役に指名された。設計図の完成に五五日かかったが、七人の船大工棟梁と配下の船大工が寸法（単位）の違いや言葉の壁と闘いながらもロシア人の指示を正確にこなし、八〇日あまりで完成させた。それは二本マストの木造帆船で、「ヘダ号」と命名された。船大工の西洋式造船術を学びとろうとする姿勢、大工道具をたくみに使いこなす仕事ぶりとその仕上がりに、ロシア将校はただただ驚嘆した——七人の船大工棟梁のなかに、上田寅吉（一八二三〜九〇）が居た。彼は石川島で西洋帆船「旭日丸」の建造にかかわった人物であり、

「ヘダ号」の建造に関与したのちは長崎の洋式造船所（三菱重工業長崎造船所の前身）に派遣され、榎本武揚らとともにオランダに留学し、帰国後は箱館戦争に従軍するも敗軍の兵となり、そののち横須賀の造船所でわが国の造船を先導した―。

こうして、千石船の三ないし四隻分に相当する約四千両もの巨費が投じられ、わが国初の西洋式帆船は無事竣工した―こののち一年以内に、戸田では同型の帆船六隻が竣工している。また、石川島でも四隻が建造され、これらの船型は戸田村が君沢郡に属していたために「君沢型」と呼ばれた―。船台のうえをあっという間に滑り落ち、一日がかりの船おろししか知らなかった当時の人々を驚かせた。しかし、「ヘダ号」は、高々六〇人乗りの小船にすぎなかった。やむなく、一行は同船を含めた三隻に分乗し、各々帰国の途についた―このとき、橘耕斎という名の日本人が「ヘダ号」に潜入し、一行とともにロシアに渡っている（拙著『波濤列伝』海文堂出版（二〇一三年）第55話参照）―。

プチャーチンに対して明治政府は勲一等旭日章を

1976年8月、沖合240メートル、水深24メートルの海底から引き上げられたディアナ号の重さ約3トンの錨（富士市三四軒屋緑道公園、筆者撮影）

贈り、ロシア政府は伯爵の称号を与えた。伯爵となったプチャーチンは幕末の日本がよほど印象的だったのか、自分の紋章に日本のサムライを描きいれた。
余談ながら、一八八七年、その伯爵家に育ったプチャーチンの娘、オリガが戸田を訪れ、いまも駿河湾のどこかに眠る「ディアナ号」のことを思い、いにしえの父に思いをはせた。

【参考文献】
中山理『日本人の博愛精神―知られざる感動の11話』祥伝社（二〇一一年）
富士市立博物館「ディアナ号の軌跡―日露友好の幕開け」（二〇〇五年）
小和田哲男編『静岡県の不思議事典』新人物往来社（二〇〇〇年）
奈木盛雄『駿河湾に沈んだディアナ号』元就出版社（二〇〇五年）

第7話 エルトゥールル号の遭難

トルコと日本のこころ温まる交情

二〇二〇年のオリンピック・パラリンピック開催地が東京に決まった。イスタンブールを決戦投票の末に負かしての朗報だったが、イスタンブールの人々が「東京を応援する」と言ってくれたことに救われた。

トルコの人たちは親日的だと言われる。そういえば、イラン・イラク戦争（一九八〇〜八八）の最中、イランに駐在する日本人二一五人の命を救ってくれたのはトルコ航空機だった。このとき、朝日新聞はわが国による経済支援を救出の理由に挙げた。しかし、そうした解説に当時の駐日トルコ大使は「深い悲しみを覚える」とのコメントを出し、救出にはある船の遭難事件が関係していることを示唆した。その事件とは…。

一八九〇年九月一六日深夜、和歌山県熊野灘に浮かぶ紀伊大島の樫野埼灯台に、ふたりの異国人が血まみれで倒れ込んできた。どうやら、近くの岩場で座礁し、四〇メートルはあろうかという峻厳な崖を上ってきたらしい。灯台の主任は、万国信号ブックを用いて彼らとの意思疎通をはかった。赤地に三日月と星…「そうか、トルコの船が遭難したにちがいない」、主任はすべてを悟った。

翌朝、地元の漁師が瀕死の異国人と灯台近くで出会った。これはたいへんなことになるぞ…主任の不吉な予感は的中する。

台風のなか難破したのは、オスマン帝国の祖、オスマン一世の父親の名を冠するトルコ軍艦「エルトゥールル号」（Ertuğrul）──一八六三年竣工の三本マストフリゲート艦（中型木造軍艦）。全長七六・二メートル、幅一五・一メートル、速力一〇ノット、二三三四排水トン、六〇〇馬力、大砲一〇門・小砲一〇門―だった。
一八八七年一〇月、小松宮彰仁親王がときのアブデュハミト二世に謁見し、両国間の外交がはじまった。親王は大いに歓待され、そのために明治天皇は感謝状と漆器を贈呈し、一八八九年、大勲位菊花大綬章を贈呈した。これに対し、アブデュハミト二世も明治天皇に勲章を贈呈せんとして「エルトゥールル号」の派遣を決め、その使節団長に海軍大臣の娘婿、オスマン・パシャを就けた。

一八八九年七月一四日、「エルトゥールル号」はイスタンブールを出港し、翌年九月七日、横浜に投錨した。古い木造帆船のために故障が続き、一二人の水兵がコレラ感染死するなどでかなりの日数を要したが、それでも、オスマン・パシャは所期の目的を果たし、勲一等旭日大綬章を授かった。

九月一五日、「エルトゥールル号」は、故国に向け意気揚々と横浜を解纜した。オスマン・パシャの頬を心地よい風が流れた。しかし、まさかその風が惨事の予兆であったとは…。


灯台の主任は区長に伝令をだした。しばらくして医師が駆けつけ、治療にあたった。結局、五八一人が海の藻屑と消え―オスマン・パシャもまた帆桁の棒から自ら手を離した―、六三人が自力で灯台にたどり着き、六人が村民の手によって救出された。

当地、大島村は貧しい村だった。それでも、村人は古着やら、まさかのときに備えていた芋、盆暮にしか口にできない米、さらには、卵、貴重な鶏までも惜しみなく提供した。寒さに震える者があれば自らの体で温めた。自分たちの生活などそっちのけで懸命に世話をし、そのことにトルコ人水兵たちは深く感動した。

九月一八日早朝、新聞で事情を知ったドイツ軍艦「ウォルフ号」が大島に寄港した。まったくの好意だった。「ウォルフ号」は六九人全員を乗せ、神戸へと向かった。

「達者でなぁ」

「無事で帰れよ」

「さよなら〜」

村人はいつまでも手を振って別れを惜しみ、水兵

樫野埼灯台近くに建つトルコ軍艦遭難慰霊碑（筆者撮影）

たちもしきりに手を振りそれに応えた。

大島の村人たちを動かしたのは、時おり異国船が姿をみせる風土性だったかもしれない。たとえば、一七九一年、米国商船「レディ・ワシントン号」と「グレイス号」が当地に立ち寄っている―日米が最初に接触した事件―。なかには、日本中を怒りの渦にまきこんだ、じつに痛ましい海難事件もあった。一八八六年一〇月二四日深夜、英国の蒸気貨物船「ノルマントン号」が潮岬沖で座礁、沈没し、日本人船客二五名全員が溺死した―貨物船に船客が乗っていたのは、その当時、横浜・神戸間の鉄道は未開通で、移動手段として安い貨物船が使われていたからである―。インド人、中国人船員も全員が死亡した。しかし、かくも凄惨な海難ながら、ドレイク船長以下英国人船員は全員ボートで脱出したのである。裁判で船長の非が争われたが、英国領事館海事審判―在留外国人には治外法権が認められており、わが国の法規で裁判できなかった―は無罪を言い渡した。この判決に激怒した日本国民は政府に再審を訴え、ふたたび争われた裁判では一転して有罪となった。しかしそれは、禁錮三ヶ月という軽いものだった。国民の激情は収まらない。「外国船の情けなや、残忍非道の船長は名さえ卑怯の奴隷鬼（ドレイク）」…しかし、大島の人たちはと言えば、このときも英国人船員を救助し、懸命に介抱した。いかなる事情があろうと海難者を助ける、それは海とともに生きる彼らの矜持、あるいはＤＮＡだったのかもしれない。

さてさて、神戸にわたったトルコ水兵一行だが、明治天皇のご温情から二隻の軍艦が用意され、帰国の途につくことができた。

二隻の軍艦は一八九〇年一二月一七日、エジプトのポートサイドに安着した。ところが、いざダーダネルス海峡に入ろうとする段になって、トルコ政府がパリ条約―一八五六年に締結された条約で、クリミア戦争（一八五三～五六）を終結させた―を理由に通過を認めようとしない。仕方なく、海峡手前で水兵たちを引き渡すことになった。甲板に居並ぶ日本側乗組員に、トルコ水兵たちが涙を流し抱きついた。あまりにも空しい惜別…彼らは、トルコ政府が用意した船で帰国していった。しかし、さすがに非礼と思ったのか、アブデュハミト二世の英断で、翌年一月二日、両艦は漸うイスタンブール港に入った。一行は皇帝に拝謁し、同年二月一〇日、同港を解纜、五月一〇日、品川に投錨した。

新聞各社は義捐金を募った。福沢諭吉は、義捐金を自らが創立した時事新報社の記者に現地まで持っていかせた。山田寅次郎という男がいる。陸羯南《くがかつなん》、東海散士（柴四朗）、尾崎紅葉、幸田露伴らとも交流のあった人物だが、義捐金の送金を青木周蔵外相に依頼すると「自分で行ったらどうか」と返され、それではとばかりに英国船で現地に向かった。山田はアブデュハミト二世に兜、甲冑、陣太刀を謹呈し、そののちもトルコに留まった。

一九〇五年五月二七日の日本海海戦での日本の勝利に、トルコ中が熱狂したという。ロシアの圧力に苦しむトルコ国民に大いなる希望を与えたかららしいが、トルコはかつての恩を忘れていなかった。本話の冒頭で触れた救出劇、「もう貴国しか頼るところがない」というわが国に対し、トルコの首相は「われわれは日本に恩返しをしなければならない」と救出を指示した。それは、自国民を差し置いての、過分の恩情だった。

一九九九年八月一七日、トルコ北西部で大地震が発生した。そのとき、かつてトルコ政府の厚情に救われた商社マン、銀行マンらが手を差し伸べた。そして、三・一一の東日本大震災…救援国のなかで最も長い間救助にあたってくれたのがトルコの人たちだった。

トルコでは教科書にも紹介され、知らない子供はいないほど有名だというエルトゥールル号事件。私たち日本人にとっても、決して忘れてはならない歴史の一幕である―本稿を書き上げたのち、映画『海難１８９０』（東映、二〇一五年公開）が日本とトルコ友好一二五周年記念事業として制作された―。

〈追記〉

「開陽丸」―北海道檜山郡江差町、第10話参照―、鷹島海底遺跡―一二八一年の元寇（弘安の役）海底遺跡。同遺跡の一部がわが国初となる海底遺跡として国史跡（鷹島神崎遺跡）に指定されている。元寇（蒙古襲来）参照―に次ぐ水中文化遺産プロジェクトとして「エルトゥールル号」についても引揚げ作業が進められており、ガラス製のペーパーウェイトや横浜焼のカップ・ソーサーなどが保存処理され展示されている（九州国立博物館『水の中からよみがえる歴史―水中考古学最前線―』）。

【参考文献】

伊藤和明『災害を語りつぐ―困難を生き抜いた人々の話』内閣府（防災担当）（二〇一二年）

四條たか子、井沢元彦監修『世界が愛した日本』竹書房（二〇〇八年）

「歴史街道 日本とトルコを結ぶ絆―エルトゥールル号の奇跡」ＰＨＰ研究所（二〇一三年三月号）

山田邦紀・坂本俊夫『東の太陽、西の新月―日本・トルコ友好秘話「エルトゥールル号」事件』現代書館（二〇〇七年）

多くの船を呑み込んだ熊野灘

第7話で、熊野灘で遭難した「エルトゥールル号」を紹介した。

熊野灘…暴風雨であれば遭難もさもありなんと、現地を眺めながら強くそう思った。しかし、それにしても、熊野灘、紀伊大島のある和歌山県串本町は想像以上に遠かった。名古屋から、伊勢自動車道、紀勢自動車道を南下し—わたしのカーナビでは〝空〟を飛んでいたが—、尾鷲《おわせ》にて国道四二号線にタイヤを這わせたのだが、そこからの道のりが半端ではなかった。

くじらの伝統漁で有名な太地《たいじ》町を抜け、ようよう串本町に入った。串本に入ってすぐに目に飛び込んでくるのが、溶岩が織りなす自然美といっていい「橋杭《はしぐい》岩」である。紀伊大島に向かって林立する様は、圧巻としか言いようがない。しばし悠久のときに思いをはせていたかったがそうもいかず、「くしもと大橋」をわたって島の突端へと車を駆った。

くねくねした道をゆくと、ようやく「樫野埼灯台」の案内が出てきた。樫野埼灯台は日本最古の石造灯台

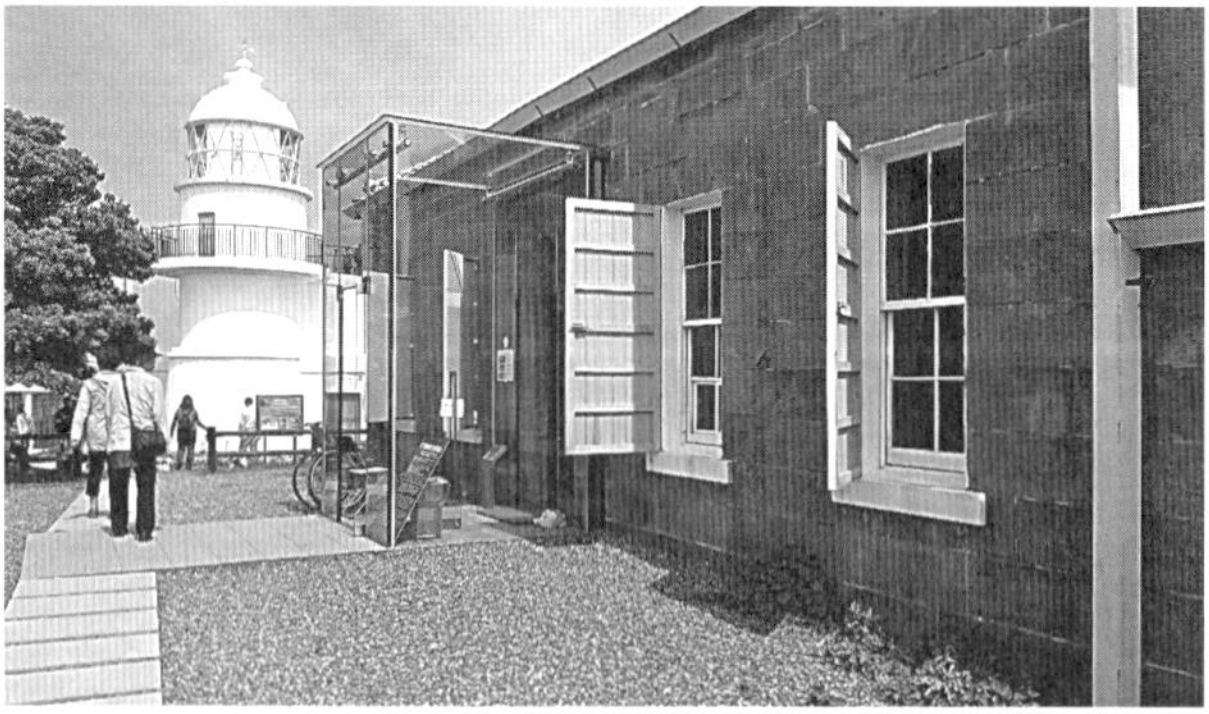

樫野埼灯台と旧官舎（筆者撮影）

樫野埼灯台（左奥）とエルトゥールル号が遭難したとされる岩（筆者撮影）

である――英国人技師、R・H・ブラントンの設計で、一八七〇年初点灯。灯台の付近では、英国人技師が植えつけた水仙が群れ咲く――。灯台の横にはいまは使われない官舎も残っており、（ここが「エルトゥールル号」の水兵が血まみれで倒れこんだところか）と、じつに感慨深い。灯台から眼下に散らばる岩々に目をやると、崖が峻厳であることに改めて思いいたる。目測ながら、四〇メートルはありそうだ。「樫野埼灯台とエルトゥールル号が遭難したとされる岩」と題した写真を見ていただきたい。写真の左端、崖の上に建つのが樫野埼灯台、そして、写真の右端奥で波をかぶる小岩が「エルトゥールル号」の座礁したあたりである。この灘に群れる岩々から、トルコの水兵たちはいかなる心持ちで崖上の灯台をめざしたのであろうか。

灯台の近くにトルコ人の経営するトルコ民芸品の店があり、おもわずのぞいてみた。店主は大阪に住んでおり樫野は別荘だと言っていたが、その店で食したトルコアイスはすこぶるおいしかった。のびるアイスクリームで、トルコのそれは有名とのこと。「トルコはいいところでしょうね」と話しかけると、「おおきに〜、まいど」と、その店主は関西弁で返してきた。

灯台を後に次に向かったのは、灯台から車で程ない距離にある「日米修交記念館」。第7話でも出てきたが、紀伊大島にやってきた米国商船「レディ・ワシントン号」のことを紹介する記念館である。ジョン・ケンドリック船長操る同船が当地に姿を見せたのは一七九一年、なんと、あのペリー来航のじつに六〇年以上も前のことである。全長一九・五メートル、幅六・一メートル、九〇総トンという小型帆船での波濤越えは、まさしく快挙といっていい。ケンドリック船長一行は、一一日間当地に滞在した。

紀伊大島を離れ、本州最南端の地、潮岬に向けしばらくハンドルをきると、樫野埼灯台同様ブラントンの設計による本州最南端の灯台、潮岬灯台—一八七〇年完成、一八七三年初点灯—が初夏の陽光のなか威風堂々としていた。

熊野灘を見わたす小高い丘に建つリゾートホテル、それがその日の宿だった。建物の中に入ると、「エルトゥール号」遭難の様子を描いた紙芝居の絵が壁一面に飾られていた。救助劇を思い起こしながら部屋に入り、海を全面に抱いた大きな窓から外に目をやると、対面に紀伊大島が横たわり、左下には先刻足を運んだ橋杭岩が大島へと延び、眼前の滔々たる黒潮（黒瀬川）が多くの海難悲話をその流れのなかに湛えていた。

第8話　鉄砲伝来の地の漂着譚

先出の熊野灘は、わが故郷、種子島と黒潮でつながっている。その種子島だが、たまに帰省して島内をドライブすると、九州本土最南端の佐多岬から南に約四〇キロメートルの洋上に浮かぶこの島の、落花生のような形状をなす海岸線にいくつかの漂着譚があるのに気付く。南北六〇キロメートル弱、東西五～一二キロメートル、島周約一八〇キロメートルと、存外に大きく平坦な島だからかもしれない──台湾より北、八重山諸島、宮古列島、沖縄諸島、奄美諸島、トカラ列島、種子島や屋久島が属する大隅諸島など多くの島々を縫うように「黒瀬川」と呼ばれる黒潮が流れており、こうした島々でも多くの漂流譚が聞かれる。たとえば、古くから中国と進貢貿易を展開し、また、近世になってからは欧米列強の船が姿をみせるようになった沖縄本島近隣の海域では、浅いサンゴの海ということもあって、英国軍艦「プロビデンス号」座礁沈没（一七九五年）、英国商船「インディアン・オーク号」座礁沈没（一八四〇年）、オランダ商船「ファン・ボッセ号」座礁沈没（一八五七年）、英国商船「ベナレス号」座礁沈没（一八七二年）、ドイツ商船「ロベルトソン号」座礁沈没（一八七三年）など数多くの座礁、沈没が発生した（南西諸島水中文化遺産研究会編『沖縄の水中文化遺産─青い海に沈んだ歴史のカケラ』ボーダーインク（二〇一四年））──。今回はそうした漂着譚を紹介したい。

有名なところでは中国ジャンク船の漂着（一五四三年）があり、それは、世に「鉄砲伝来」として知られている。

一八六六年には英国の石炭輸送帆船が遭難し、白人一人、黒人一人の計二人が救出され、流れ着いた遺体は地元の村人によって懇ろに埋葬された。

一八八五年九月一五日、米国の石油運搬帆船「カシミア号」が台風に遭い、現在の西《にし》之《の》表《おもて》市立山《たちやま》の海岸に流れ着いた。乗組員一五人のうち一二人が漂着し、船長以下高級船員は高波にさらわれた。漂着した海岸に立つ案内板によれば、知らせを受けた立山の人たちは総出で救出にあたり、数日の間、手厚く世話をしたという。かつて南蛮人が漂着した地とはいえ、当時の村人たちは生来的に開明的だったのかもしれない。おかげで船員たちは元気を取り戻し、鹿児島を経て無事帰国することができた。カシミア号事件のことの次第を知った米国大統領と米国議会は、謝礼として金五〇〇〇ドルとメダルを立山に贈った。一八七一年の新貨条例で一ドルが一円（＝一両）となり、その後、一八七七年の西南戦争に起因する不換紙幣の大量発行で円は減価するのだが、当時の五〇〇〇ドルといえば現在の五〇〇〇万円くらいには相当するであろう。いずれにせよ結構な金額だったと思われるが、その資金はすべて子弟の教育に当てられたという。現地、「カシミア号」が漂着

カシミア号漂着の地に立つ「米國人漂着地趾」の碑（筆者撮影）

した海岸は、島の東側（つまりは太平洋側）を南北に走る幹線道路からすこし外れている。自然そのままの小さな港があり、わたしが訪ねた日は漁船が数隻繋留されていた。地元の人に聞くと、「むかしとくらべーば、わざいかきれいになったとよ（昔と比べれば、大変きれいになったのよ）」とのことだった。

「カシミア号」漂着の地から南に下ると鉄砲伝来の地、同島最南端の門倉《かどくら》岬に出るのだが、その途中の左手（太平洋側）に「ドラムエルタン号漂着の碑」という案内板が立っている。正式には「ドラメルタ

ドラムエルタン（ドラメルタン）号漂着の碑（筆者撮影）

ン号」といい、英国の帆船である。二九人の船員を乗せ、上海から香港に向かう途中で暴風雨に遭い、一八九四年四月二五日、現在の熊毛郡南種子町中之下の浜に漂着した。興味深い逸話が残っており、少々詳しく紹介しよう。

「わざいかふと〜か船がおいよ（とても大きな船がいるぞ）」

同日深夜、塩焼きをしていた漁師の嘉助が、大きな声をあげながら村のなかを駆けた。

「嘉助、ないごとかい（なにごとだ）」

村人は嘉助の叫ぶ声にたたき起こされ、多くは家の外に飛び出た。

「みたことのなか、ふと〜か船が浜にあがっといとよ」

嘉助は息を切らし、声をはりあげた。

それは、四本マストのバーク型帆船だった。一八八三年、スコットランド・グラスゴー郊外の港町で呱々の声をあげ、ケルト人が使うゲール語で〝楡の丘〟を意味するＤＲＵＭＥＬＴＡＮ（ドラメルタン号）と命名された。四本マストのうち前三本のマストに横帆、後の一本のマストに縦帆が張られている。折からの嵐に舵をとられ浜に乗り上げたとみえ、船体は大きく傾いていた。月の明かりに浮かび上がるその姿は全長八一メートル、全幅一二メートル、一九〇〇総トンと当時としては巨大であり、嘉助が驚いたのも無理はなかった。

翌朝早く、様子をさぐるべく屈強な三人の若者が選ばれた。彼らは赤ふんどしひとつになり、水をはじくよう藁蓑を裏表に羽織って沖へと泳いだ。

「うわっ」

船まで泳ぎ着いた三人は、金髪で鼻の高い赤ら顔の偉丈夫が船上に姿を現したのをみて、一様に驚いた。巨躯のひとりが何やら文字の並んだ文を手渡そうとするのだが、どういうことなのか彼らにはまったくわからない。どうしようもなく三人は、その文だけ受け取り、いったん浜に帰ることにした。

「村長、この文をよんでくれ。おいはこんことを知らせに西之表まで行ってくいから」

三人のひとり、才川仁市だった。仁市はそれだけ言うと、当時島の役所が置かれていた西之表をめざし馬に飛び乗った。

「頼んだぞ、仁市」

馬で駆け行く仁市の後姿を見送りつつ、村長の柳田龍蔵は（さてさて…）と英語で書かれた文を前に頭を抱えてしまった。

（そうだ、あの人に読んでもらおう）

柳田は、近くの小学校で校長をしている伊地知茂七に手紙を読んでもらうことにした。

「う〜む、どうやらあの船は嵐で底をうったらしい。ぎょうさん（たくさん）乗っとって、水と食べ物がほしかごたいな（ほしいようだ）」

乗り合わせていた中国人との筆談から（そんなことだろう）と確信した柳田は、伊地知に聞いたことを村人に伝えた。一方、仁市がもたらした「ドラメルタン号」座礁の報は鹿児島、長崎へと伝えられ、一週間も経たない五月一日付ロンドン「ロイズ・リスト」に短信記事として掲載された。

「牛を食うちゅうなっか、きっさなかな（牛を食べるらしい、汚らわしいね）」

トーマス・E・コーウェル船長以下二九人の異国

人を受け入れた村人たちは、彼らが牛肉を食べるのに驚いた。是非もない。東京に牛鍋（すきやき）が お目見えしたのは一八九三年ごろとされ、当時の一般的な日本人にとって牛を食するなど想像を絶することだった。ましてや、遠く離れた種子島であればなおさらであったろう。それでも、村人たちは、遭難者のために牛を用意した。苦労して差し出した牛を銃で撃ち逆さにつるして処理する偉丈夫たちに、村人たちは恐れおののき、しきりに念仏を唱えた。

「こめは食べんごたいな（米は食べないようだ）」

パンのかわりにと村人たちが白米を出しても、乗組員らは手を伸ばそうとしなかった。ところが、「雑炊にせえばどがんかい（雑炊にしたらどうだろう）」と雑炊を差し出すと、今度はおいしそうに食べた。「おもしろかな」、「ないがちごうとかな（何が違うのだろう）」と、村人たちは口々に言いあった。

「あいはないかいな（あれは何だろう）」

自分と同じ顔、同じ着物を着ている人間が正面、右、左に映る三面鏡に、村人らは興味津々となった。曇った手鏡しか持っていなかった彼らにとって、それは不思議なものだった。

「コンニチハ」、「コンバンハ」、「ニッポン」、「コレナニ？」…好奇心が旺盛なのは、何も村人たちだけではなかった。「ドラメルタン号」の乗組員もまた、いろいろな日本語を貪欲に覚えようとした。しだいに「ドラメルタン号」の乗組員と村人の交流が深まり、最初こそみられた双方の間の溝は徐々に埋まっていった。

「ドラメルタン号」は英国リバプールを母港とし、米国との定期航路に就航していた。が、このときの航海は、一八九三年七月一八日、英国の東の玄関であるハル港を出帆し、米国ニューヨークに寄ったのち喜望峰をまわってインド洋、マラッカ海峡を抜け、翌年三月二七日に上海に投錨し、そののち四月一一日、米国に向かい同地を後にした。それは、種子島の東海岸に座礁する二週間前のことだった。「ドラメルタン号」の乗組員の多くはイングランド中部の出身者だった。英国から遠く離れた極東の、しかも離れ小島の住民と情を交わすなど想像すらしていなかったろう。が、経緯はどうあれ、彼らは親切な村人たちと交わり、いよいよつらい別れの日を迎えるのである。

五月二三日、英国東洋艦隊の三本マストの蒸気艦「マーキュリー号」が種子島に到着した。フォークス艦長は来着早々コーウェル船長を訪ね、「ドラメルタン号」の離礁を試みた。しかし、「ドラメルタン号」はびくともせず、結局、計六隻の軍艦を種子島沖に集結させた。村人たちも、忙しい農作業の手を休め離礁作業を手伝った。

六月九日、蒸気機関がけたたましくうなるなか、「ドラメルタン号」はついに離礁に成功した。

「ありがとう、みなさんのおかげです」

コーウェル船長は、村人たちに何度も礼を言った。

「お礼のしるしに、ぜひともみなさんを宴に招待したい」

船長の声掛けに、一同おおいに沸いた。

一五日、浜辺で宴席が盛大に設営された。

「みなさんに、あれを受け取ってほしいのです」

宴の席上、コーウェル船長があるものを指差した。

それは、航海の途中立ち寄った上海で買い入れ食料として飼育していた、一一羽の小ぶりな鶏だった。

「おおきに（ありがとう）、大事にすいよ」

村人たちはその鶏を「インギー鶏《どり》」と名付け、大事に育てると約束し、実際にそうした――インギーとはイギリス（エゲレス）がなまったもの。インギー鶏は小ぶりながら身は柔らかく、以前食したインギー鶏の親子丼は濃厚でじつにおいしかった――。

翌日、「ドラメルタン号」と六隻の英国艦船は、長崎に向け錨をあげた。乗組員らは村人たちとの別れを惜しみ、時計、花びんや額縁などをつぎつぎに手渡した――このとき、ひとりの漁師が密航したとされる――。

そののち、「ドラメルタン号」は長崎造船所で修繕を終え、米国の会社に買われ石油運搬船となった。その後も所有者が転々とかわり、一九三六年五月二九日、老朽化のため海に沈められた。そこは、幾度となく錨をおろしたニューヨーク近郊の港町だった。

【参考文献】
桑畑正樹『彦次郎少年の密航奇譚』Ｋ＆Ｋプレス（二〇〇八年）

種子島開発総合センター（鉄砲館）見学記

一五四三年の鉄砲伝来は、〝以後予算（一五四三）がつく〟という語呂合わせでも知られている。その鉄砲が伝来した地が、日によっては鹿児島最南端佐多岬から遠望できる鹿児島県種子島である。

過日、同地にある種子島開発総合センターを訪ねた。種子島の歴史や民俗に関する資料もさることながら、ポルトガル伝来の火縄銃、国産火縄銃などが数多く陳列されており、じつに興味深い場所である。

案内してくれたのは、地元の高校を卒業したばかりという女性—ここでは、仮にAさんとしておく—。その初々しさ、たどたどしいながらも一生懸命説明しようとする姿に、わたしは心癒される思いがした。

天文一二年八月二五日（一五四三年九月二三日）というから、まだまだ暑熱を含んでいたにちがいない。その日、種子島最南端の地、門倉岬の砂浜に集まった村人たちの目は、一艘の中国（明国）船、そこに姿を現した異形の人に釘付けになった。明国船は同センターにある資料からは三本マストの帆船で、すべてに縦帆を張っている。おそらく、福建船と呼ばれる中国特有の木造大型帆船、ジャンク船であろう。竜骨がなく、帆に多くの割り竹が横に差し込まれているために操作性に優れ、向かい風でも航行（間切り航行）することができた。長崎県五島列島の福江などに拠点を構える倭寇の大頭目、王直の持ち船であり、王直もまた五峰と名をかえこの漂流船に乗っていた。総勢一二〇余名、そのなかに三人のポルトガル人がいた。彼らは寧波あたりから琉球—沖縄本島の北北西にある伊是名島・伊平屋島が倭寇の拠点だったとの解説もある—、福江をめざすうちに漂流し、黒潮—赤道の北側を東から西に流れる北赤道海流に源を発し、島々を縫うように流れることから「黒瀬川」とも呼ばれる—にのって種子島に流れ着いたのである。

彼らが種子島に持ち込んだ火縄銃はときの第一四代島主、種子島時堯《ときたか》によってその価値が見出され—おそらく、王直（五峰）が口達者に売り込んだにちがいない—、美濃国（現在の岐阜県）の関から来島していた刀鍛冶、八板金兵衛清定によって艱難辛苦のすえ—娘

（若狭）が雌ねじ製造の技術を得んとしてポルトガル人に身を捧げたという悲話が伝わっている─国産化に成功した。その成果たるや想像を絶し、時尭はその鉄砲を駆使し、鹿児島の大隅に威勢をはる禰寝《ねじめ》氏に過年奪われた屋久島の奪還を果たした。

船の修理が終わるまでの約半年のあいだポルトガル人たちは島に逗留し、鉄砲に使われる火薬のほか、パン、ケーキ、たばこ、西洋鋏などの西洋文化を種子島にもたらした─いまや、鋏は種子島の特産品である─。種子島は、わが国最初の西洋文化の渡来地でもあったのである。

「お時間があれば、あのジオラマ劇場をぜひご覧ください」

先のAさんが、声をかけてきた。

「時間はいくらでもあります」

わたしは彼女の指差す先に設置された機械仕掛けの小劇場の前に腰をおろし、スタートボタンを押した。すると、にわかに大音声の解説が流れ、鉄砲伝来の物語がはじまった。

地元の地頭、西村織部丞《おりべのじょう》が中国人と筆談したことでおおまかなことがわかり、大きく破損したジャンク船は種子島氏の居城のある赤尾木（現在の西之表）まで曳航されることになった。ジオラマはそのシーンを巧みに再現していた。眼前に、赤ふんどし姿の勇ましい男たち（の人形）が船を曳く光景がひろがる。舞台をみるとかなり多くの漕ぎ手がいるのだが、実際に何人の屈強な男がいたのかは定かではない─曳船は全部で一二隻だったとされている─。「この船（の模型）は史実に基づいて造られているのですか」とAさんにたずねると、「想像で作成したと聞いています」という答えが返ってきた。日に焼けたおとこたちは、直線距離にして約五〇キロメートル、洋上であればそれ以上の距離を、赤尾木の浦をめざし北上した。初秋の東シナ海の海は、それなりに波があったことだろう。

赤尾木に着くと、〝形之異《かたちのことなる》〟ポルトガル人らは時尭

赤尾木城跡に建つ種子島時尭像
（筆者撮影）

種子島開発総合センターのジオラマ劇場（同センター許可のもと、筆者撮影）

に引き合わせられ、後日、求められるまま空に向け鉄砲を放った。それは、（これは金になるかもしれない）と考えた王直（五峰）が考えたデモンストレーションだった。威力におどろいた時堯は鉄砲二挺に二〇〇〇両もの大金をはたいた。浪費との声もあったが、それは時堯の先見の明であった。彼の英断がなければ、のちの歴史は大きく異なっていたにちがいない。

「船にご興味があるのですか」

Aさんが、朗らかな笑みを浮かべながら聞いてきた。ジオラマ劇場のなかの船だけを撮影するわたしを、Aさんは不思議に思った。「日本海事新聞の「号丸譚」という連載がありまして…」と説明すると、彼女はいささか怪訝な顔をした。そして、「船のことはあまり知りませんが、種子島は黒潮の関係もあって、縄文時代から南九州と交易をおこない、弥生時代には稲作文化が中国大陸から南の島伝いに北上し種子島に伝わった、という話があるのです」と手書きのメモをチラ見しながら説明した。わたしが「そうなんですね」と、相槌を打つと、「それと…古代、種子島は多褹国《たねこく》という独立した国でして、七世紀、多褹嶋人が飛鳥の都を訪ねたという資料もあるのです」と言葉を継ぎ、「独立国だったのは遣唐使船の航路確保のために重要だったから、とされています」と付け加えた。「七三四年には、第一〇次遣唐使大使だった多治比広成《たじひのひろなり》が唐からの途次、種子島に来着しています」とさらに続けるので、「そうなのですか、よく調べていますね」とわたしが返すと、Aさんは、「必死に資料を書き写したのです」と、少々照れながら答えた。「…鑑真（六八八〜七六三）さんも遣唐使船で多禰国をめざしたのですが、実際にはとなりの益救嶋《やくしま》（屋久島）にたどり着きました」。たまに詰まる説明が、むしろ新鮮に感じられた。わたしが、「種子島経由の重要性がなくなって、多禰国は大隅国に編入されたのですか」と質問すると、「そうなんですか」と、逆に質問された。「一六世紀、山口・大内氏の遣明船は種子島で艤装され、明国に出航していったそうです。船に適した木材、その木材でできた良質な釘、それに、高い造船技術があったからとされています。キリスト教の布教で有名なフランシスコ・ザビエル（一五〇六〜五二）も、一五五一年一一月、豊後（現在の大分県）からマラッカに帰任する途次、七日間種子島に滞在しているのですよ」…Aさんは緊張がほぐれ、調子がでてきたようだ。「一九世紀はじめ、全国を測量行脚したことで有名な伊能忠敬も種子島に来ています。種子島、屋久島の測量が目的だったようです。そのときに作成された地図がのこっているのですが、いまのとそんなに違いはありません」、「カシミア号の漂着はご存知ですか。一八八五年九月、三本マストの米国商船カシミア号が遭難し、乗組員一五人のうち一二人が海岸に泳ぎ着き、村人総出で助けたのです」。Aさんのメモノートも、ほぼ終わりに近づいているようだった。「その話、じつは「号丸譚」ですでに取り上げました」、「えぇ〜、そうなのですか」…Aさんは驚いたように、わたしを見つめた。そして、「最後になりますが」と前置きし、メモノートの最後のページを開いた。「種子島は、古来、海と切っても切れない縁があるのです。ヤクタネゴヨウという固有種の太い松の木が自生していて、その木をくりぬいて船をこしらえていたようです」、「種子島の西隣に無人島の馬毛島《まげしま》があるのですが、そこはかつてトビウオ—地元では〝トッピー〟と呼ばれている—の漁場で、丸木舟で二時間ほどかけて出かけたそうです」…。ひととおりの説明を終え安堵したのか、Aさんは大きく息をはいた。

「Aさん、ありがとうございました。いい勉強になりました」

「こちらこそ、ありがとうございました」

「実は、わたし、種子島の出身なのです」

去り際、黙っていた非礼をわびつつ自己紹介すると、Aさんは「えぇ〜、そうだったのですね。では、またお会いできそうですね」と言いながら深々と頭を下げ、そして、軽くほほえんだ。

【参考文献】

種子島開発総合センター編『紺碧の空と海―緑豊かな歴史の種子島』種子島開発総合センター（二〇一三年）

第9話

伊呂波（いろは）丸と明光丸の衝突
日本最初の蒸気船同士の衝突事故

「お客さん、これから時間ありますか？」

福山市の沼隈から鞆の浦に向かう途中、タクシーの運転手—仮に、Bさんとしておく—が話しかけてきた。行く手の右に広がる瀬戸内の景色にみとれていたわたしが「えぇ」と答えると、Bさんは、「それじゃあ、今日は天気もええし、わたしのとっておきの場所に案内しましょう」と満面の笑みを浮かべハンドルをきった。

かつては有料道路だったという坂道をしばらくのぼると、すこし開けた場所に出た。

「ええ眺めでしょう」

車をおりると、眼下にBさん一押しの眺めが広がっていた。それは、四国の山並みを借景にした鞆の浦の全景だった。「あっこらへんじゃ、坂本龍馬の船が沈んだんは…」

鞆の浦全景（筆者撮影）

坂本龍馬（国立国会図書館ウェブサイトから転載）

Bさんはそう言いながら、右奥の島影の先を指差した。慶応三年四月二三日（一八六七年五月二六日）の深夜、沖合の六島《むしま》海域（岡山県笠岡市）で、長崎から大坂に向かう「伊呂波（いろは）丸」と紀州から長崎をめざす「明光丸」が衝突した。「いろは丸」は大破し、「明光丸」に曳航されるも宇治島海域（広島県福山市）に沈んだ。Bさんの話はこの衝突のことだった。

「乗っとった三二人全員が助かった。紀州の船で鞆の浦に上陸したんじゃろね」

観光ガイドになりきっているBさんの方言丸出しの声が、狭門《せと》の海からの風に悠然と流れた。

Bさんの話は留まることをしらなかった。わたしが乗客であることなど忘れたかのように、彼は福山弁（と思われる）を滔々と繰り出した。そして、そのとき、わたしは思った。（つぎの「号丸譚」はこれだ!）、と。

「いろは丸」は全長約三六メートル、全幅六メートル弱のスクリュー鋼鉄船で、一八六二年、英国で建造された。建造時の船名を「サーラ号」といい、翌年、薩摩藩がオランダ商人から購入し、「安行《あんぎょう》丸」と改名した。一八六六年、伊予大洲藩が薩摩藩から購入、名を「伊呂波（いろは）丸」と改めたのち、海援隊が一五日間、一航海五〇〇両で傭船していた。言うまでもないが、海援隊は土佐藩が支援する貿易商社で、前身は龍馬が一八六五年に創業した亀山社中である。

一方の「明光丸」は長さ四二間（約七六・四メートル）、幅五間（約九・一メートル）、八七八総トン、一五〇馬力と、大きさと馬力で「いろは丸」を凌駕していた。紀州藩が購入した最初の汽船であり、英国人商人トーマス・B・グラバーが仲介し、元の名を「バハマ号」といった。

　談判は、双方が鞆に上陸した翌朝からはじまった。席についたのは、明光丸側が船長の高柳楠之助ほか数名、いろは丸側は龍馬のみであった。龍馬にとって「いろは丸」の航海は海援隊隊長としての初仕事であり、自ずと力がはいった。このとき、身の危険を感じた龍馬は、坂本本家の才谷屋にちなみ〝才谷梅太郎〟という変名をつかった。

　そもそも鞆が談判の場になったのは、「いろは丸」に男女一三人が一般の便船人として乗っていたことに加え、紀州藩がいち早く鞆の円福寺を宿舎にし、魚屋万蔵宅を談判の場所に指定したからである。いまは旅館となっている旧魚屋万蔵宅の建物を目の前にすると、両藩が互いに口角沫を飛ばし議論するさまが眼に浮かんでくる。

　「このたびの明光丸の長崎行きは、紀州藩が兵制改革のため同地にて洋銃と汽船を購入せんとするもの。ついては、此度の衝突の談判、そののちにして

談判の場所となった旧魚屋万蔵宅（筆者撮影）

はいただけぬか」と高柳が切りだすと、龍馬は即座にその申し出を断った。そして、「いろは丸も、土佐藩主の命で上方に向かっちょったがぜよ。貴殿らとおんなじじゃき。ぶっちゅう（おなじ）条件にするにはこちらも元にもどしたいとこやけんど、船（いろは丸）は沈んでしもうたき、それはできん。どうろうか（どうであろうか）、貴藩で金一万両を用立ててはくれんろうか」と、巧妙な提案をだした。

「いたし方あるまい、用意させよう」

早く切り上げたい高柳は、ことを急いた。借用書を用意させ、「では、これに返済期日を記入されよ」と、龍馬にせまった。それに対し龍馬は、「そりゃあ、だめじゃ」と突き返した。借用ではなく賠償金で相殺される、と考えたのである。

二四日早朝から二七日の朝まで、夜に日を継ぎ談判は続いた。しかし、談判は結論を得ることなく決裂してしまった。

「では、長崎にてふたたび」

交渉の舞台は長崎へと移った。が、この頃、紀州藩側に奇妙な思いが芽生えはじめていた。すなわち、相手の主張に真摯に耳を傾け時間を惜しまず交渉しようとする龍馬を、（この男は信頼できる）と考えるようになっていたのだ。この時点で、交渉の行方は決していたのかもしれない。

五月の一五から二二日にかけ、長崎聖福寺にて激しい話し合いが繰り広げられた。

「衝突時に当藩の士官が甲板にいなかったこと、二度にわたり衝突したのは事実である」

紀州藩は自らの非を認めた。しかし、その態度は徳川御三家の威光を楯に長崎奉行を介し海援隊側を威圧しようとするもので、不誠実と言われても仕方のないものだった。これに対し龍馬は「船を沈めた償いは、金をとらずに国をとる」などとうそぶき、長州の桂小五郎（のちの木戸孝允）と相談のうえ、紀州と一戦交えようと動いたりもした。

土佐藩参政、後藤象二郎が交渉に加わった。後藤は「汽船衝突のことはわが国に参考とすべき判例がない」と言い、そうであれば、長崎に来航している英国の提督に教えを乞うたうえで万国公法（国際法）――一八六四年に清国で漢訳されたものを翌年に幕府の開成所が翻訳出版し（『官版萬國公法』）、当時広く読まれていた―に基づき処理すべきである、と、かたくなに主張した。

　交渉のながれは土佐藩に傾き、世論も海援隊になびいていった。世情というのはいつの世も権力を嫌うのであろうか、「土佐、長州が紀州様と一戦を交えるらしいぞ」というデマが市中をかけめぐった。

　紀州藩にしても、土佐や長州とことを構えている余裕はなかった。しかし、大藩としてのメンツもある。活路を見いだせないなか、薩摩の五代才助（のちの友厚）が調停に動いた。

「貴藩が八万三〇〇〇両の賠償金を支払うっちゅうことでどげんな」

　重い沈黙をやぶり、五代の低く伸びる声がその場をおよいだ。

「やむをえまい」

　しばしあった後、紀州側は首を縦にふった。それは、御三家の大藩が土佐藩という知能集団を前に負けを認めた瞬間だった。権威体質ゆえに相手を見くびり、情報が欠如していたのかもしれない。そもそも、龍馬は「貴殿らとおんなじじゃき」と言ったが、「いろは丸」は兵器など積んでおらず―荷は大豆や砂糖だった―、龍馬のハッタリだったといわれている。

　のちに賠償金は七万両に減額され、四万二七二〇両は土佐藩に、二万七二八〇両は「いろは丸」の代価として支払われた。大洲藩は、「いろは丸」を購入したときの価格、三万一〇〇〇両の四年賦の最初の支払いにその他費用の六二〇〇両をくわえた一万二〇〇〇両ほどの損失と計算した。

「土佐藩に損失の補てんを迫るべし」

「いな、そこは穏便に…」

　大洲藩内は意見が割れた。割れたすえ、「土佐藩が所有する帆船横笛で賠償させるしかあるまい」と、藩論は決した。「横笛」は二六〇総トンのスクーナーである。はじめから土佐藩が提案していたが、金を必要としていた大洲藩がそれを断っていたのである。土佐藩は「横笛」をいったん大洲藩に譲渡し、すぐさま大洲藩の見積もった損失額に見合う一万三〇〇〇両で買い戻した。

鞆の浦にある常夜灯。写真右の建物が「いろは丸展示館」(筆者撮影)

「そろそろいきましょう。お仕事に遅れたらまずいけ」

Bさんはわたしに車に乗るよう促し、「鞆の浦では、雁木、常夜灯…対潮楼にも行ったほうがええですよ」と、言葉を継いだ。鞆の浦は瀬戸内海の交通の要地であり、古くから栄えた港町である。いまに江戸情緒を残す街並みは、当地に足を踏み入れた人の心を惹きつけて離さない。

「いろは丸」については一九八〇年代後半から複数回にわたって発掘調査が進められてきており──その結果、「いろは丸」の遺構は埋蔵文化財包蔵地に指定されている──、その際に引き揚げられた遺物や「いろは丸」が海底に眠っている状態を再現したレプリカが鞆の浦「いろは丸展示館」に展示されている。

【参考文献】
福山市鞆の浦歴史民俗資料館編『坂本龍馬といろは丸事件』(二〇〇八年)

第10話 幕府軍艦開陽丸の最期

（まさに、暗夜に〝ともしび〟を失ひしに等しだ）

おとこは鷗島沖に沈みゆく船に目をやり、天に枝を張る松の幹をしきりに叩きながら落涙した。

旧幕臣、榎本武揚（一八三六〜一九〇八）。オランダに留学したこともある人物で、旧幕府軍を率いて五稜郭政府総裁となり新政府軍と戦った（戊辰・箱館戦争）。箱館五稜郭を無血占拠し、新政府側についた松前藩を攻略すべく土方歳三（一八三五〜六九）指揮する陸戦部隊を現地に向かわせ、さらには、松前藩を捨てた兵が陣をはる江差に軍艦「開陽丸」を派遣した。しかし、榎本は江差の海底、海象の調査を怠った。江差沖の海底は硬い岩盤で投錨に適さず、また、地元の漁師や農民であれば、雲、風の状態で嵐を容易に予想することができたはずだった。

留学時代の榎本武揚（国立国会図書館ウェブサイトから転載）

（思慮あらば、「開陽丸」が沈むことはなかった）

榎本の落胆ぶりは尋常ではなかった。彼はこころの内で、「開陽丸」と自らの半生を重ねていた。

一八六五年一一月二日午後四時、オランダのドルトレヒト市にあるヒップス・エン・ゾーネン造船所で、一隻の木造シップ型軍艦が進水した。「開陽丸」

榎本武揚を偲ぶ「嘆きの松」（旧檜山爾志郡役所、筆者撮影（一部修正））

と命名される、幕府発注の最新鋭軍艦である。こんな大きな船が無事に進水できるのだろうか…造船所に駆けつけた数千人の目は、三本マストの巨艦に釘付けになった。そこには、幕府の命で軍艦の運用、砲術、蒸気機関学を学ぶ榎本の姿もあった。さらには、かつての教え子でもある日本人留学生を何かと気遣うカッテンディーケが、海軍大臣として臨席していた。

（ついにこの日が来たか…）

榎本は感慨ひとしおだった。その一方で、あれだけオランダ側が鉄製を主張したにもかかわらずなぜ木造にしたのか、との思いもあった。鉄製に移行しつつある時代にあって、榎本は幕府役人の官僚主義に辟易していた。

その日、進水に続き二回の晩餐会が催された。榎本のほか、軍艦運用、砲術などを学びのちに海事関連の研究者となる内田恒次郎（留学団団長）、銃砲製造や火薬製造を学んだ沢太郎左衛門、造船学を学びのちに新政府海軍にはいる赤松大三郎（のち則良）、測量学を学び帰国後ほどなくして亡くなった田口俊平、法律学を学んでいた津田真一郎（のち真道《まみち》）、西周助（のち周《あまね》）、塩飽諸島出身の漁師で「開陽丸」の建造監督の仕事を学んでいた古川庄八ら一五人の留学生─正確には、九人の士分と職方と呼ばれる職人六人。第6話のなかでご紹介した上田寅吉も職方のひとり─も各々に瀟洒な装いで臨席し、その紳士ぶりはオランダの人々に称賛された。

一八六六年八月、「開陽丸」は無事竣工した。このことに関し、作家、司馬遼太郎は、「ヨーロッパの十九世紀のある時期の機械文明と日本の幕末の武士文化とが、閃光のようにみじかい時間ながら短絡したことのあかしは、開陽丸の遺物で物語られるしかない」と書いた（『街道をゆく15』）。

榎本ら留学生九人、オランダ側乗組員一〇九人を乗せ、「開陽丸」は一路横浜をめざした。

「いよいよだ。沢、こころして操艦術の習得に努めよ」

榎本の声が艦上にはずんだ。榎本は、将来を見据える大人物というより律儀な官吏だった。（この船さえあれば、幕府は安泰である）…彼は、強い海軍で幕府の政体維持を図ろうと考えた。

四〇〇馬力の蒸気補助機関付シップ型帆船。排水量二五九〇トン、全長七二・八メートル、幅一三・〇四メートルの船体に、クルップ砲など二六門を備え、乗組員数は三五〇～五〇〇人、速力は汽走時で一〇ノットというスペックで、船体には徳川家の家紋（葵の紋）が彫刻されていた。

「開陽丸」は、喜望峰を廻り、インド洋、マラッカ海峡を抜け、一八六七年四月三〇日（慶応三年三月二六日）、横浜に着いた。神奈川台場から二〇発の祝砲がとどろき、「開陽丸」にオランダ国旗にかわって日の丸の旗が掲げられた。

「この船はじつに立派です」

榎本は、傍の内田に声をかけた。

帰国後、榎本は軍艦頭並となり、「開陽丸」を旗艦とする艦隊を指揮することになった。

一八六八年一月二七日（慶応四年一月三日）、戊辰戦争の緒戦、鳥羽伏見の戦いの幕が切って落とされた。しかし、その戦いのさなか、将軍徳川慶喜は不可解にも全軍を捨て、誰にも告げず会津藩主松平容保らとともに大坂城を脱し、御召艦「開陽丸」に逃げ込んだ。榎本は、怒り心頭に発した。が、すべては、後の祭り。「開陽丸」は、副艦長、沢太郎左衛門の指揮で江戸に向かった。

「勝さん。軍艦はぜんぶ渡すということではごわはんかったか」

江戸城無血開城について話し合う席上、西郷隆盛が幕府全権を託された格好の勝海舟に声をあらげた。

「これらは使いもんにならんものばっかりではごわはんかっ」

西郷は幕府から渡された「観光丸」以下の四隻の軍艦が「老朽の腐れぶね」であると指弾し、「開陽丸」がないことに憤慨した。

「西郷さん、申し訳ない。榎本が首を縦に振らんのよ」

勝は、自分もその件では対応に困り果てていると言った。

その頃、榎本は品川沖で臨戦態勢をとっていた。彼は、海軍力の弱い新政府に負けることなど微塵も考えていなかった。

「榎本、なんとしても開陽丸を手放してほしい」

勝は「開陽丸」に乗り込むと、榎本に直談判した。しかし、長崎海軍伝習所一期先輩からの説得であっても、榎本は同意しなかった。

開陽丸青少年センター作成のパンフレット「開陽丸」によれば、慶応四年（一八六八年）八月、榎本は「開陽丸」、「回天」、「蟠竜」、「千代田形」の軍艦四隻および「神速丸」、「美賀保丸」、「咸臨丸」（一八六〇年に太平洋を渡航。神奈川警護や小笠原諸島の領有などに貢献したのち、一八六六年、蒸気機関を撤去された。新政府に拿捕され、乗組員の多くは殺害され、捕虜となった。逆賊として放置された遺体を清水次郎長が手厚く埋葬。一八七一年、北海道木古内沖で沈没）から成る艦隊を率いて品川沖を脱し、東北の地で土方歳三、大鳥圭介ら二八〇〇人の有志を収容、幕府家臣団による国家を設立せんがため蝦夷地に向かった。内浦湾に面した鷲ノ木村（現森町）に到着したのち陸戦を指揮する土方歳三（のち、五稜郭政府陸軍奉行並）に対し、榎本（のち、同総裁）は「江差への攻撃を開陽がお手伝いする」と確約し、自らも江差に向かった——このとき、「開陽丸」の舵

再建された「開陽丸」（開陽丸青少年センター、筆者撮影（一部修正））

は代用品で、すでに悲鳴をあげていた――。

慶応四年一一月一五日（一八六八年一二月二八日）、「開陽丸」は江差湾に碇をおろし、榎本らは短艇で上陸した。しかし、悲しいかな、その夜半、突然の嵐に「開陽丸」はなす術もなく座礁し、艦に戻った榎本、沢艦長の努力の甲斐もなく、一〇日後、あえなく沈没してしまった。

幕末という時代に翻弄された「開陽丸」。現在、江差町の鷗島の口に開陽丸青少年センターが建ち、再建された「開陽丸」が揺然と海に浮かんでいる。艦内にはいると、クルップ砲などの陳列とともに、日常使われたであろう陶器や小物類のほか、榎本武揚ら歴々が持っていたものかもしれないサーベルや日本刀などが塩抜きされ展示されている――日本における沈没船遺構に関する水中考古学のはじめての試み。「開陽丸」沈没点周辺は埋蔵文化財包蔵地に指定されている――。

二〇一五年一〇月三〇日、「開陽丸」が進水した地にて、開陽丸進水一五〇周年の記念プレートの除幕式が行われた。現地の市長や駐オランダ大使らが参加したという新聞記事に、近代史における両国の友好を思わずにはいられない。「開陽丸」が呱々の声をあげたとき、オランダの人々はオランダ語で〝夜明け前〟を意味する名を授けた。まさしく、「開陽丸」は夜明け前の時代を敢然と生き抜き、散っていったと言っていい。

【参考文献】

司馬遼太郎『街道をゆく15—北海道の諸道』朝日新聞出版（二〇一三年）

開陽丸青少年センター「開陽丸」

江差・松前取材旅行記

二〇一六年七月、司馬遼太郎著『街道をゆく15』を片手に北海道江差・松前への取材旅行に出た。

函館空港から市街を抜け国道五号線を北上すると右手に駒ヶ岳の秀峰が見え、さらに進みトンネルを抜けると内浦湾（別名噴火湾）の絶景が開けた。このあたりの森町鷲ノ木は、榎本武揚率いる旧幕府軍が新国家建設のために最初に上陸した地である。

翌朝、一路、江差町をめざした。江差は鰊で栄えた町で、その繁栄ぶりは「江差の五月は江戸にもない」と言われたほどだった―鰊は近世まで〝カド〟と呼ばれ、ゆえにその子は〝カズノコ〟である―。江差町追分観光課作成のパンフレットによれば、衣川にて源義経を自刃に追いやった藤原泰衡（奥州藤原氏第四代当主）の一族がこの地に上陸したのが和人の居ついた最初のようだ。江戸時代、北前船がしきりに往来し、人口は三万人を超えた。

今回の取材旅行の目的のひとつは、北前船によって栄えた江差の街並みと復元された「開陽丸」を見学することだった。

旧檜山爾志郡役所（現在は江差町郷土博物館、筆者撮影）

まずは、坂の上の趣ある旧檜山爾志郡役所に向かった。一八八七年に建てられた、下見板張りの瀟洒な洋館である。現在は江差町郷土博物館になっており、敷地内には、第10話で取り上げた「嘆きの松」が枝を張っている。「一九九三年まで、郡役所、警察署、町役場分庁舎として使われていました。奥の方に、当時の取調室がそのまま残っています。それと、この入館券ですぐ下にある旧中村家住宅にもはいられます」と、案内係の女性が説明してくれた。旧中村家住宅は、ヒノキアスナロ切妻造りの大きな二階建ての建物である。江戸時代、日本海沿岸の漁家を相手に海産物の仲買商を営んだ近江商人、大橋宇兵衛が建てたもので、国指定重要文化財に指定されている。わたしは、この旧中村家住宅で北前船の石積み数の計算方法を知った。北前船の石積み数は船の長さ×船の幅×船の深さ÷一〇〇で求められ、たとえば、長さ三三尺（約一〇メートル）、幅一二尺（約三・六三メートル）、深さ三二・五寸（約一メートル）の北前船であれば一二八・七石積みとなり、その八割に税が課せられた。

旧中村家住宅を後に開陽丸記念館に向けハンドルを切ると、遠目に、復元された「開陽丸」の勇姿がみえた。軍艦であるため本来〝丸〟は付けないのだが、開陽丸であるところに庶民の親しみが感じられる。艦内にはい

旧中村家住宅と江差の町並み（筆者撮影）

ると、ご年配の団体さんがクルップ砲の説明に耳を傾け、奥の上映室では「よみがえる軍艦・開陽丸」が放映されていた。引き揚げられたサーベルや日本刀を目にすれば、榎本武揚らがすぐそこに居るかのようである。

司馬遼太郎は『街道をゆく15』のなかで、「江差は日本海に向かって口を開けている」と書いた。まさに、江差はそうした天然の良港である。その江差を遠望できるのが、上ノ国町にある道の駅「もんじゅ」である。江差町から国道二二八号線で南下する途中のちょこんと突き出たところにあり、そこからの景観たるや息をのむほどである。また、そこで食した味噌ラーメン、ひらめを使っている〝てっくい〟なる食べ物はなかなかの美味だった。

右手に奥尻島、大島、小島を眺め、（このあたりを北前船が往来したのか）などと考えつつ松前町に向かった。松前の地名の由来となっている松前氏は元々福井県若狭あたりの商人だったとされ、初代の信広から数えて五代目の慶広のときに豊臣秀吉に認められ蝦夷地での権力を手中に収めた。松前氏は稲作地を高として持たない無高のため江戸期大名として扱われなかったが、幕末の嘉永二（一八四九）年に城持の格に昇格し、北辺防備のために築城が認められた。築城指南として、上州高崎の兵学者、市川一学が指名された。「城はここ松前ではなく、開けた箱館（現在の函館）にされよ」……築城を依頼された市川は、山が海に迫る松前は築城に不向きであると指摘した。築城の王道からすれば、それは正論であった。しかし、松前藩主は、「箱館ならアイヌは攻めてこようが、松前であれば攻めようもあるまい」と、その提案を一蹴した。海から攻められるリスクより、アイヌに襲撃されることを極端に恐れたのである。

一八四九年に築かれた松前城は福山城とも呼ばれ、日本様式の城郭としては最北のものである。元の天守閣は一九四九年に焼失してしまったが、その風格は再建された天守閣にしのばれる。天守閣に設けられた松前城資料館には、松前氏関連の品々や松前藩家老でもあった江戸後期画家、蠣崎《かきざき》波響《はきょう》の絵のほか、琴平神社や住吉大社などの縦約一メートル、横約二〇センチメートルの船中安全護摩札、参勤交代の折などの御召船《おめしぶね》であった「長者丸」関連の資料などが数多く陳列されている。「長者丸」は滋賀県豊郷町出身の商人、柏屋藤野家所有の和船で、松本家が代々金蔵を襲名し船頭を務めた。そのため、松本家はほかの北前船船頭とは別格の松前藩徒士格士席という地位が与えられ、その威光は、書類をしまっておく帳箱《ちょうばこ》、現金などの貴重品をい

松前城天守閣（筆者撮影）

れる懸硯《かけすずり》、衣類をしまう半櫃《はんがい》などの船箪笥に見ることができる。

　津軽半島の目と鼻の先にある松前城は、ゴールデンウィークのころ桜の見ごろを迎える。敷地内にはソメイヨシノのほか南殿《なでん》など二五〇種類の桜の木が植えられ、五月中旬には松前でしか見られない桜も開花するという。このことを夕食時に宿屋の若女将に教えてもらったのだが、取材したのがその時期をとうに過ぎておりいかにも惜しいことをした。

　松前城の周辺には旧松前藩の町並みを再現した区域があり、奉行所、商家、髪結、民家、漁家、廻船問屋、武家屋敷、番屋、旅籠など、一四棟の建物と情趣ある日本庭園をたのしむことができる。

　松前取材の最後、どうしても足を延ばしたいところがあった。『日本幽囚記』を著したロシア人、ゴロウニン（ゴロブニン、ゴロヴニンとも）の幽閉跡である。一八一一年、国後島でゴロウニンのほか千島アイヌら計八人が幕府役人に捕縛され、松前城内獄舎に入れられた。松前奉行による取調べの結果、国後島上陸が略奪目的ではなかったとの彼らの主張が認められ、松前藩士が住んでいた家が住宅として提供された。が、あろうことか、ゴロウニンらは逃走を図った。彼らはふたたび捕縛され、一八一三年、国後島沖で拿捕された高田屋嘉兵衛との交換によって解放されるまで、城から一キロメートルも離れたバッコ沢の牢屋に入れられることになった。

松前町教育委員会で、「この近くにゴロウニンの牢屋跡があると聞いてきたのですが」と尋ねると、若い女性が出てきて、「ごろうにん…の牢屋？？？」と、いかにもチンプンカンプンといった顔をした。（〝ご浪人〟か何かと勘違いしているな）と少なからず失望したが、年若であればさもあろうと合点した。しばらくして、こんどは年配の方が出てきた。

「これぐらいしかありません」

彼はそう言いながら、一枚の資料を手渡してくれた。それは、「ゴロウニンの足跡を訪ねて」と題された北海道新聞の記事とゴロウニンらの足跡をまとめた一枚の紙だった。わたしが礼を言うと、「バッコ沢の牢屋跡に行かれるのは止めといた方がいいですよ。なにせ、水ジャブジャブのなかを行かなければなりませんので」と、続けて、彼はそうアドバイスした。しからば、断念するしかあるまい。江差・松前をめぐる取材旅行は、かくしてすべての予定を終了した。

松前から函館に帰る途次、北海道最南端の地、白神岬で車を停めた。海辺に下りると、赤と白が交互に彩られた灯台が国際海峡（津軽海峡）を行く原油タンカーをしずかに見守っているのが見えた。

【参考文献】

司馬遼太郎『街道をゆく15―北海道の諸道』朝日新聞出版（二〇一三年）

第11話

マリア・ルス号事件
世界が称賛した日本最初の国際裁判

一八七二年七月九日、ペルー籍船「マリア・ルス号」(Maria Luz) が、修理のため横浜に入港しようとしていた。三五〇総トン、三本マストのバーク型外輪蒸気船。ポルトガル領マカオからペルーに向かう途中で嵐に遭い、フォアマストが折れていた。

その当時、日本とペルーの間で修好通商条約は結ばれていなかったが、緊急避難と判断した日本政府は乗客を上陸させないことを条件に入港を認め、横浜役所(旧神奈川運上所)に船長と面談するよう命じた。船長の名はリカルド・ヘレイロといった。

調査をすすめるうち、ひとりの男が船から逃亡した。「マリア・ルス号」には二三一人の清国人苦力《クーリー》—米国南北戦争の結果奴隷が解放され、代替労働力として中国人苦力が注目されるようになった—が乗っており、逃走したのはその苦力だった。広東省出身で、

神奈川県庁舎敷地内にある「神奈川運上所跡」の碑(筆者撮影)

名を木慶（モクヒン）といった。暗闇のなかを必死に泳ぎ、英国軍艦「アイアン・デューク号」に救助された。

「わたしたち中国人が船長から虐待を受けている、助けてほしい！」

　そののちモクヒンは英国領事館に引き渡され、ことの次第が神奈川県庁にもたらされた。県庁はさっそくヘレイロ船長を召喚した。

　国際的な常識があればすぐに奴隷貿易と判断したであろう。しかし、そうした実情に疎い当局は船長に二度と苦力を虐待しないと誓わせたうえでモクヒン共々船に返し、さらには、こうした事態を招いたのは乗客を上陸させないからと考え、彼らの上陸を許可した。ところが、上陸する者がいない。なぜだ？？？…県庁の職員たちはいぶかった。つれもどしたモクヒンをヘレイロ船長が激しく打擲《ちょうちゃく》し、弁髪を切り落としたりしたためにほかの苦力が恐れおののいてしまったという事情など知る由もなく、彼らは悶々とした。そのうち、第二の脱走者が現れ、またしても「アイアン・デューク号」に助けられた。

英国側は「マリア・ルス号」を奴隷船と断定し、外務卿、副島種臣に宛てて書簡を送った。

　本事案の対応について、日本政府のなかで意見がわれた。岩倉使節団で多くの有力者が日本を留守にするなか、神奈川県令（知事）の陸奥宗光は国内政策を優先すべきであると主張し、司法卿の江藤新平は、条約未締結国の船舶内で発生した外国人間の事件に関し日本政府にいかなる権能もなく、下手に関与すれば国際問題に発展するおそれがあると論じた。ただひとり、副島だけが、本事案を日本初の国

副島種臣（国立国会図書館ウェブサイトから転載）

大江卓（国立国会図書館
ウェブサイトから転載）

際裁判にすべきと論陣を張った。日本の近代化を世界にアピールし、不平等条約問題を解決しようと考えたのである。三条実美を籠絡した副島は処理を神奈川県庁に命じ、県権令（副知事）の大江卓に裁判を託した。

第一回目の審理が、船長のヘレイロ、苦力のモクヒン、それに英国領事の出席のもと、県庁内に特設された裁判所で始まった。裁判のあいだ、清国人苦力たちは日本政府が保護した。すべては順調にいくと思われたが、思いがけず、ポルトガル領事が裁判の不当性を主張してきた。「横浜居留地取締規則」（条約未締結国の国民による事件は各国領事立ち合いのもとで行われるという原則）に反する、と息巻いたのである。自国の、マカオにおける苦力貿易の既得権益を守りたかったのかもしれない。ともあれ、しばらくして審理は再開された。日本側は外務省、司法省、大蔵省の法律顧問（お雇い外国人）まで動員し、船長側は英国人弁護士のディケンズ―のちに、ロンドン大学事務局長などを務める人物で、アーネスト・サトウ、南方熊楠とも親交があった。著書に『パークス伝』がある―を担ぎ出した。さっそく、ディケンズは反攻にでた。マカオでの契約の是非を議論するのは日本による内政干渉であり、日本の裁判所に管轄権はない、と彼は指摘した―マリア・ルス号事件は、国際裁判管轄、準拠法などの法律問題をはらんだ事件であった―。大江は、国内におけるヘレイロの暴力行為のみを対象にせざるを得なくなった。一八七二年七月二七日、各国領事が出席するなかで判決が読みあげられた。封建時代の法律とも言うべき当時の日本の刑事法（「新律綱領」）によってヘレイロ船長に杖一百の刑が言い渡され、刑の執行を免じられたうえペルーへの出航が許された。

　帰国するにあたり、ヘレイロ船長側は清国人苦力の引き渡しを要求した。これに対し大江は、苦力に帰船の意思がなく、別に訴えを起こせばともかく、現状では全員帰船させるわけにはいかないと回答した。かくして、清国人は解放され、清国政府は日本政府に謝意を表明した──これに対して副島は「清国はわが善隣国、同文同種の国ではござらぬか」と応え、清国側を感激させた──。しかし、苦力のなかには、「故郷に帰ってもなんともなんねぇ」という人も多かった。働き口を探して国を出ようとしたのであり、それも無理からぬことだった。一方、ヘレイロはいらだっていた。苦力ひとり一〇〇ドルの運賃がとれなくなるだけでなく、停泊費用などがかさむのだからわからないではない。どうにかしたいヘレイロは、苦力を相手取り、移民契約の履行請求および損害賠償請求の訴えを起こした。それは、ディケンズの入れ知恵、意地でもあった。

　ヘレイロの訴えを受け、日本側は苦力一人ひとりに書面を提出させ、当該契約が奴隷契約であることを証明しようとした。もちろん、船長側も負けてはいない。老獪弁護士は、奴隷取引、人身売買は万国で公然となされている取引であり、それが証拠に日本にも同様の奴隷契約があるではないか、と反証した。それは、日本の前近代的な芸娼妓契約をさしてのことだった。これには、日本側も虚を突かれた。しかし、判決は、契約の手続きは正当としながら非人道性を理由にあらためて違法とした。また、芸娼妓契約については、それが日本国内に限られた制度であり本事案の参考にならない、とした。

　ヘレイロは、がっくりと肩を落とした。彼は粗いひげをなでながら大江に、「お前には一銭の得にもならないはずだ。なぜ、そんなにがんばるのか」と質した。すると大江は、「私にもさっぱりわからん。逆に、教えてほしいものだ」と笑いながら返した。

　ヘレイロは米国郵船で帰国し、残された船は競売にかけられた。神奈川県がまとめた英文の裁判記録が各国の領事などに配布され、岩倉使節団のもとにも届けられた。一八七二年一一月一一日付「ニューヨークタイムズ」は「Progress in Japan（日本の躍進）」

という見出しで絶賛し、日本の近代化ぶりを報じた。

すべてが成就したかに思われた。しかし、翌年二月、ペルー政府は全権大使を日本に派遣し、日本政府に謝罪と損害賠償を要求してきた。この結果、仲裁契約が結ばれ、ロシア皇帝アレクサンドル二世が仲裁の労をとることになった。のちに征韓論に端を発する政変で下野する副島だが、このとき彼がロシア皇帝に仲裁を依頼したのは領土問題に絡む深慮があってのことだった。

一八七四年一月、榎本武揚が領土問題とマリア・ルス号事件対応のためロシアに出向いた。

翌年六月、「日本側の措置は国際法にも条約にも違反せず、妥当なものである。不当とみなす理由はない」との仲裁判断がくだされた。日本側の完全勝利だった。そこには、樺太（現在のサハリン）の領有権をロシアに渡してもよいとした榎本の駆け引きが、じつに巧妙に働いていたにちがいない。

余談ながら、一八七二年一〇月、ディケンズが奴隷契約とした芸娼妓契約を無効とする芸娼妓解放令が布告された。「ヘレイロよ。彼女らの笑顔こそわたしにとっての〝一銭の得〟だったのだよ」…大江のそんな声がどこからともなく聞こえてきそうである。

【参考文献】
NHK歴史発見取材班『NHK歴史発見12』角川書店（一九九四年）
武田八洲満『マリア・ルス事件―大江卓と奴隷解放』有隣堂（一九八一年）
海島隆『マリア・ルーズ号事件―奴隷解放始末記』国土社（一九七七年）
尾佐竹猛『法窓秘聞』批評社（一九九九年）
菊池寛『大衆明治史』汎洋社（一九四三年）

第12話 「船」で紡ぐジョン万次郎の生涯

今年（二〇一七年）は明治維新（大政奉還）一五〇周年の年にあたり、維新にまつわるさまざまな催しが随所で開催されている。

明治維新に関して活躍した人を挙げるとなれば、西郷隆盛、大久保利通をはじめとする薩摩勢、吉田松陰門下生をはじめとする長州勢、そしてその両藩をつないだ坂本龍馬などの土佐勢を思い浮かべる人が多いであろう。しかし、本書の趣旨からは、ジョン万次郎こと中濱万次郎こそがその筆頭格といっていい。ジョン万次郎についてはすでに拙著『波濤列伝』のなかでゴールドラッシュと関連付けてとりあげているが、今回は彼の生涯を〝船〟に拠ってみていきたい。

九歳のときに父を亡くした万次郎は、貧しいながらも家計を助けるべく懸命に働いた。一八四一年一月二七日、一四歳になった万次郎は、炊として**徳右衛門の持ち舟**で宇佐浦から漁に出た。全長四間一尺（約七・六メートル）の小さな舟で、船頭の筆之丞（のち伝蔵と改名）以下四人、それに二斗あまりの白米とわずかばかりの薪水が彼の〝仲間〟だった。この小さな舟が足摺岬をかすめて流れる黒潮に乗り、折からの北西風でその流れから弾き飛ばされてしまっ

足摺岬に建つ中浜万次郎像（筆者撮影）

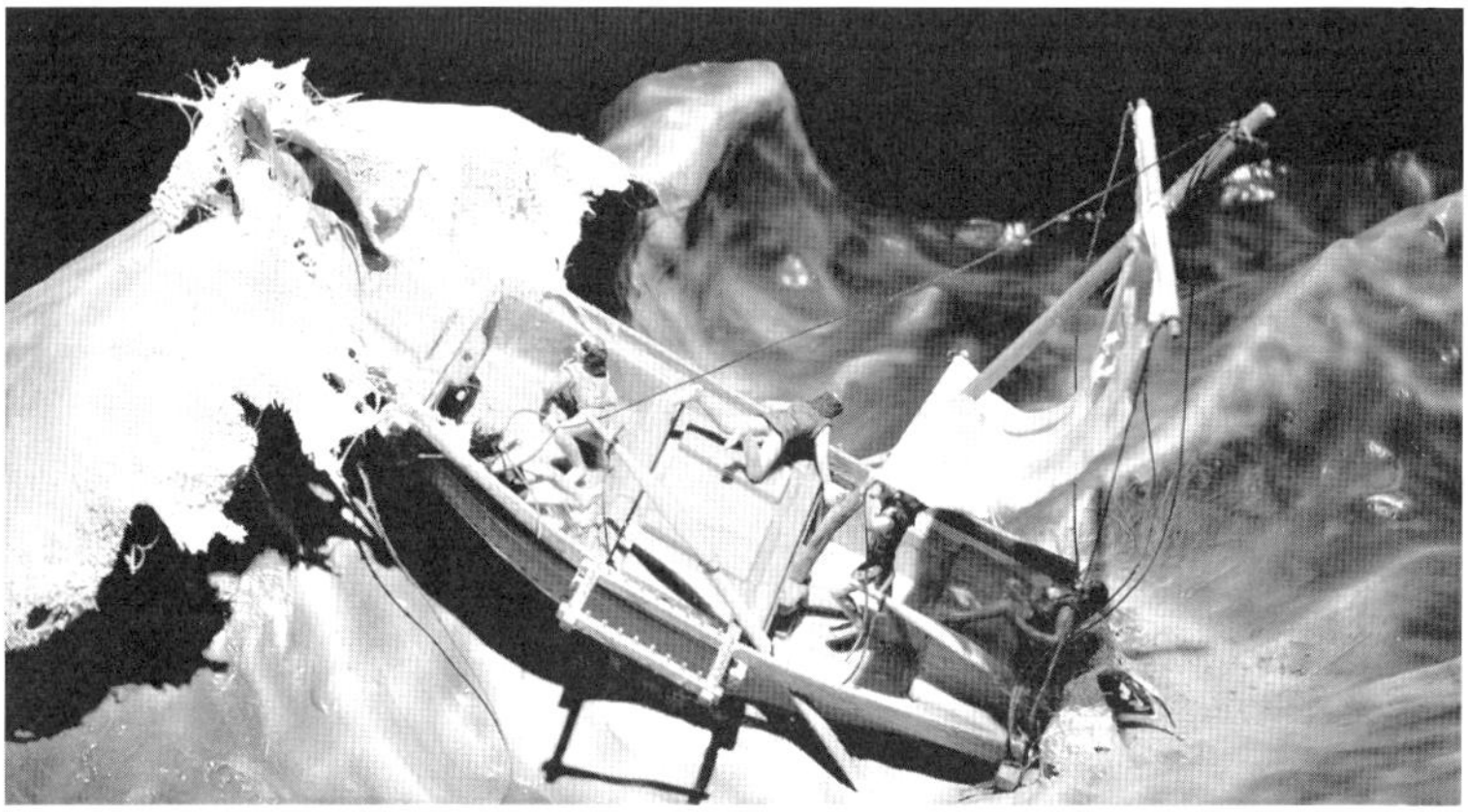

万次郎が乗った漁船の模型（ジョン万次郎資料館写真提供）

た。舟は抗うべくもなく漂流し、アホウドリの群れる無人島（鳥島）にたどり着いた。

普通であれば、万次郎の生涯はここでかわいそうな一漁師として終幕を迎えるところである。が、そこに、第二の船、捕鯨船**ジョン・ハウランド号**（**John Howland**）が登場してくる。全長約三四メートル、幅約八・三メートル、三七七総トンの三本マストのシップ型帆船（一八三〇建造）に万次郎らは奇跡的に助けられ、ウィリアム・ホイットフィールド船長（W. H. Whitfield）に温かく迎え入れられた。万次郎一行はホノルルで下ろされたが、万次郎の働きに目をとめたホイットフィールド船長が彼を本国に連れ帰ろうと筆之丞にその旨申し出たところ、万次郎本人が米国行きを強く希望した。

万次郎はフェアヘーブンにある船長の自宅に招かれ、そこから学校に通った。そうこうするうち、以前「ジョン・ハウランド号」に乗船し、そのとき捕鯨船**フランクリン号**（全長約三〇・八メートル、幅約七・四メートル、二七三総トンのバーク型帆船）の船長になっていたアイラ・デービスから、

「日本近海に行くからいっしょにどうだ」と誘われた。一九歳になっていた万次郎はホイットフィールド船長夫人―最初の妻と死別した船長の再婚相手。このとき、船長は留守にしていた―とも相談し、乗船することにした。ところが、航海中にデービス船長が精神を病み、人望を集める万次郎が副船長を務めることになった。帰港したホノルルで六年前に別れた仲間―うち、ひとりは病死―と再会したのち、一八四九年九月二三日、「フランクリン号」は三年四ヶ月ぶりに母港に戻った。

かつての仲間に会い故国が恋しくなった万次郎は、帰国を考えるようになった。しかし、日本が世界への扉を閉じている当時にあって、それはかなりの難儀だった。それでも彼は意を決し、帰国のための資金を稼ごうとゴールドラッシュに沸き立つカリフォルニアへと向かった。同年一一月二七日、サン・フランシスコまで材木を運ぶ**スティグリッツ号**（三四九総トン）に、万次郎は水夫として乗り込んだ。

必要な資金を手にした万次郎は、一八五〇年九月一七日、商船**エライイザ・ワーウィック号**（三五〇総

フランクリン号模型（ジョン万次郎資料館写真提供）

トン）でホノルルに向かった。同地でかつての仲間三人—うち、ひとりはホノルルに残ることを選んだ—と再会し、日本に上陸するためのボートを買った。長さ四・五メートルで、着脱可能な帆柱が付いていた。のちに、**アドベンチャー号**と名付けられるその小さなボートを、上海に向かう茶積み船**サラ・ボイド号**に積み込んだ。「サラ・ボイド号」は、一八五〇年一二月一七日、ホノルルを後にした。「サラ・ボイド号」が琉球沖にさしかかったとき、万次郎らはボートを船から下ろし、一〇年と七日ぶりに故国の土を踏んだ。

　半年ほど琉球で過ごし、七月一八日、薩摩に向かう**大聖丸**で一二日かけて山川に着いた。鹿児島ではことのほか優遇され—藩主島津斉彬の意向が働いた—、万次郎は洋式船のひな型をつくったりもした。彼のつくったひな型は越通船《おっとせん》と呼ばれるもので、全長約一四・四メートル、幅約二・七メートルの二本マスト帆船だった。

　長崎でも寛大な扱いを受け、彼らは無罪放免となった。そしてようよう土佐藩士とともに、一八五二年八月二五日、高知城下にはいった—万次郎が生まれ在所に帰ったのは一一月一六日のことであった—。

　英語を解し米国事情に通暁する万次郎は、ペリー艦隊来航（一八五三年）に右往左往する幕府の直参となり江戸に住んだ。一介の漁師が老中阿部伊勢守、勘定奉行川路聖謨《としあきら》、伊豆韮山代官江川太郎左衛門らを前に米国事情を説いたのであり、いかに時代とはいえ驚嘆に値する—この頃から、万次郎は山内容堂公の知遇を得て侍となり、中浜万次郎を名乗った—。ペリー再来航（一八五四年）の際、万次郎はふすまの陰で通訳し、万次郎との面談を願っていたペリー本人に会うことはなかった。万次郎は造船の必要性を説き、ボーディッチの航海術書を翻訳した。航海用語などなかった当時のわが国にあって、いわんや、貧しいばかりに寺子屋にも行けなかった男が江川太郎左衛門のもとで洋式船建造に従事したのだから、まさに痛快としかいいようがない。

　幕閣の歴々と会いながらも、万次郎はあくまでも捕鯨を愛する人だった。彼は川路聖謨に捕鯨事

万次郎が捕鯨漁に出た「君沢型」の模型（ジョン万次郎資料館写真提供）

業の将来性を進言し、そのために箱館に派遣され、一八五七年、船大工、續《つづき》豊治が建造した二本マストの洋風帆船**箱館丸**（五六総トン、原型は第6話で紹介した「君沢型」）。幕府は箱館奉公にも君沢型の建造を命じ（独自設計のため「箱館型」とも）、万次郎が捕鯨に用いることを提案した）で鯨漁に出た。

日米修好通商条約（一八五八年七月二九日調印）批准のため使節団が米国に派遣されることになり、一八六〇年、万次郎は通弁役として、**咸臨丸**に乗船した—当初、幕府は万次郎が米国側に与することを恐れ、万次郎の同船をためらった—。また、米国から帰った翌年には小笠原視察団の一行に加わり、同島の日本帰属に貢献した—このあたりは、拙著『波濤列伝』「小笠原島ものがたり」参照—。この功もあって、幕府は万次郎がかねてより説いている捕鯨を奨励することにした。さっそく、万次郎は越後の豪商、平野廉蔵の出資により外国船「フェンナ号」を購入—**壱番丸**と改名—し、船長として幕府と共同で捕鯨事業を進めることになった。

そののち万次郎は薩摩藩に呼ばれ、蒸気船運航術

咸臨丸模型（ジョン万次郎資料館写真提供）

などの教授を務めた―このとき、長崎で一隻の帆船、四隻の蒸気船を購入―。その間、高知に戻って藩校（開成館）の教授を務め、任期を終えて鹿児島に帰任する途次長崎に立ち寄り、船を購入するため米国船で上海に向かった。

明治の御代となり、開成学校（東京大学の前身）の二等教授を拝命し、欧州出張を命じられた。普仏戦争（一八七〇年七月一九日勃発）の視察が目的だった。一八七〇年九月二三日、米国の外輪蒸気船**グレート・リパブリック号**（三八八一総トン）でサン・フランシスコをめざし、横浜を後にした。懐かしのフェアヘーブンを再訪し、一一月二日、英国船**ミネソタ号**でニューヨークを後に英国へと向かい、そののち、英国船**ダグラス号**でスエズ運河を通る東回りで帰国の途に就き、翌年二月二六日、神戸に入港した。

一八八八年、万次郎は最後の捕鯨航海に出た。そのとき乗った船は帆船**カタリヤ号**（日本名**球祥丸**）（三四二総トン）で、一三歳の老船だった。

一八九八年、鯨を追い続けた万次郎は、脳溢血のためその波瀾万丈の生涯を閉じた―享年七一―。

本稿の最後に、**夕顔丸**のことに触れたい。土佐藩が長崎で購入した英国製蒸気船（六五九総トン）で、坂本龍馬が船中八策の構想を練った船として知られている。万次郎が龍馬に会うことはなかったが、この船の受け取りを万次郎自身が確認したのであり、その点においてふたりはつながっているといってもいい。また、万次郎の伝えた外国事情が龍馬に大きな影響を与えたであろうことを思えば、この「夕顔丸」を万次郎にまつわる船とすることはいささかも不思議ではない。

【参考文献】

中濱博『中濱万次郎――「アメリカ」を初めて伝えた日本人』冨山房インターナショナル（二〇〇九年）
木原知己『波濤列伝』海文堂出版（二〇一三年）

ジョン万次郎ふるさと紀行

ジョン万次郎という呼び名は井伏鱒二が小説『ジョン万次郎漂流記』で用いたことで一般に流布しているが、万次郎自身は自らを中濱（浜）万次郎―生まれ在所の中ノ浜から来ている―と名乗り、米国捕鯨船時代の仲間は親しみを込めてジョン・マン（John Mung）と呼んだ。

幕末の激動期にあって、じつに魅力的な人物である。わたしも拙著『波濤列伝』のなかでとりあげ、そして、この『号丸譚』でも材を得た。しかし、万次郎にゆかりのある地を、末期を迎えた地―土佐藩下屋敷跡（現在の江東区立北砂小学校）―を別にすればまだ訪ねていないことにはたと気付いた。（すわ、高知は土佐清水へ！）…わたしは万次郎が幼少期を過ごした地、延縄漁に出た地を訪ねる計画を立て、旅支度をととのえた。

二〇一七年三月末、松山空港から陸路、土佐清水市をめざした。高速道終点の宇和島を下りてからの行程は、ある程度覚悟はしていたものの辟易するほどに遠かった。しかし、右手に広がる美しい海岸線（足摺宇和海国立公園）は、同地ではじめてハンドルを握る者に極上の癒しを与えてくれた。

万次郎少年の像（土佐清水市ジョン万次郎資料館の近く、筆者撮影）

最初に訪ねた万次郎ゆかりの場所は、ジョン万次郎資料館である。勇む気持ちでその案内板にしたがってハンドルをきると、荒く切り立つ彫刻らしきものが目にとびこんできた。（あれは！）…事前に調べていたこともあり、それが万次郎少年の像であることはすぐにわかった。鳥島に漂着したときの漁師たち、とりわけ、先頭を行く一四歳の万次郎の様子が迫りくる荒々しい波とともに虚々実々表現されており、その迫力にしばし圧倒された。

早々にいい取材ができたことに気を良くし資料館のなかに入ると、そこには万次郎に関する国内外の興味深い資料が展示されていた。万次郎が関係した船の模型がみごとに配置され、取材の目的を万次郎と船の接点としていたわたしには嬉しかった。

「貧しくて寺子屋にも行けなかったのに、米国の学校で学び、帰国してからは幕府の偉い方を相手に外国事情を説明したというのですから、万次郎はよほど地頭がよかったのでしょう」

同資料館でボランティアのガイドをされている福島義之さんが、そう話してくれた。「万次郎が幕府側だけでなく倒幕側とも親交があったことに驚かれる方も多いようです」、とも。土佐清水市にお住まいという福島さんには『足の向くまま気の向くまま—全国横断思い出の宿』、『土佐の祭りと文化』、『土佐の祭りと呪詛』（いずれも文芸社）などの著書があり、足摺岬のユネスコ世界ジオパーク認定をめざす活動もされている。ぜひ実現してほしい…良い出会いに感謝し、同資料館を後にした。

次なる目的地は万次郎の生家。それは、県道二七号

万次郎の生家（筆者撮影）

線を足摺岬方面に南下したところにあった。「ジョン万次郎のふるさとへようこそ!」と謳っているわりには、観光客らしき人影が見当たらない。(これではNHK大河ドラマの主人公は無理ではないだろうか)と案じながら細い路地を行くと、唐突にその家はあった。復元された建物だけに外見からは万次郎の(貧しい)暮らしぶりはわかりにくいが、推し量るには十分なほどにその家は小さかった。「せまい家でしょう。でも、ここはこれだけだからね」…通りすがりの地元の方がそう言いながら、笑って去っていった。

日没まではまだ時間があり、足摺岬までいってみることにした。足摺岬灯台を遠目におさめ、米国を見つめる万次郎の像を仰ぎ見、椿のトンネルを抜け灯台へと歩をすすめた。風がよほど強いのであろう、ほとんどの幹が曲がっている。

ラドン温泉が自慢だという足摺テルメがその日の宿だった。四国最南端の地にあるリゾートホテルで、朝方は美しい日の出をみることができるとのことだったが、次の朝はあいにくの雨。昨日のうちに灯台に行っておいてよかった…そう思いながら高知取材二日目ははじまった。

二日目は、ひたすら高知市内をめざした。途中、四万十川を望んだりもしたが、雨中にあって景色は楽

足摺岬灯台(筆者撮影)

万次郎船出の地（宇佐しおかぜ公園から望む、筆者撮影）

しめなかった。それでも、その日唯一の確たる予定、土佐市宇佐浦にある「万次郎船出の地」に行けたことには安堵した。その地をさがすのは一苦労だった。カーナビに頼ろうにも入力できる情報が乏しく、雨は一向に止む気配がない。心細く、ハンドルをきった。仏にすがる思いで道行く人に尋ねると、どうやらその地が宇佐しおかぜ公園の近くにあることがわかった。おもわず、嬉々としてアクセルをふかせた。

しばらくして、巨大なクジラの親子像―わたしにはそう思えた―が目に入ってきた。不可解に思いつつ通り過ぎたが、じつはそこがしおかぜ公園だった―土佐湾は古くから鯨漁の拠点として栄えた地であり、現在はホエールウォッチングを楽しむことができる―。引き返すと、雨空に踊る巨鯨の横にひっそりと小さな碑があり、そのあたりの浜が万次郎船出の地であると記されていた。そうなのだ…万次郎ら五人の漁師は、四国西南端の地ではなく高知市街から二〇キロメートルほど西にいった場所から漁に出たのである。（こんなところから漁に出たのか）…目の前に開ける静かな海に、在りし日の万次郎のことを思った。

二日目の宿は、土佐藩主山内容堂公の下屋敷跡地に建つ三翠園だった。容堂公の知遇を得ていたことを考えると万次郎もここに足を運んだかもしれない―西郷

山内家下屋敷長屋跡（右の建物。筆者撮影）

隆盛はここを訪ねている―と、わたしは勝手に想像した。敷地内の長屋（国の重要文化財）に「夕顔丸」はじめ土佐ゆかりの船の模型が展示されていたのも、存外に嬉しいサプライズだった。

　翌朝、桜の蕾が開きかけた高知城内を散策したのち、桂浜、そして、室戸岬に向かうべく太平洋岸を南東へと四輪をころがした。ユネスコ世界ジオパークに認定されている室戸岬は思いのほか遠く、かなりの時間を要し漸う突端に建つ中岡慎太郎（の像）に救われた。

　優美な室戸岬灯台を目におさめ、灯台の近くにある四国二十四番霊場の最御崎寺《ほつみさきじ》にお参りしたのち、海事遺産の手《て》結《い》内港《ないこう》―一六五三年、わが国初の本格的掘り込み港として完成―へと車を駆った。「海の日」特別行事実行委員会が発行した写真集『日本の海事遺産』（二〇一五年）でも紹介されており、時間があれば訪問してみたいと思っていた地である。ところが、豈図らんや、その途次、三菱グループの創始者である岩崎弥太郎（一八三五～八五）の生家が目的地のリストに加わるのだから、旅は望外におもしろい。しかし、思えば、弥太郎は万次郎から英語、海運、造船などの講義を受けたのであり、偶然とは言え〝良縁〟と言えば〝良縁〟である。

　田園地帯をしばらく行くと、青い空に右手を広げる彌太郎の像が目に飛び込んできた。ひと頃（NHK大河ドラマ「龍馬伝」が放映されていた二〇一〇年）に比すれば人気は衰えたらしいが、それでもそれなりの数の人が弥太郎の像や生家をバックに記念写真をとっていた。

「弥太郎さんが生まれ住んでいた頃の敷地はせまく、家は曽祖父が寛政七年（一七九五年）に建てた当時のままです。当時にあっては、標準的、典型的な民家だったと思いますよ」と、現地でガイドをされている弘田富茂さんが話してくれた。弥太郎のことを「さん」付けで呼ぶのが新鮮だった。弘田さんはさらに、「弥太郎さんの死後敷地は買い増しされ、立派な蔵まで建ちました」と言葉を継ぎ、「地下浪人《じげろうにん》だった弥太郎さんは、教育熱心な母、美和の影響もあって学問で身を立てようと考えたのでしょう」と続けた。

かくして、ジョン万次郎のふるさとをめぐる二泊三日の旅は終わった。取材で入手した資料や写真を整理し、六五〇キロメートルにも及ぶ行程を付き合ってくれたレンタカーのお腹を充たし、季節柄、色とりどりに咲くチューリップの花が沿道の風になびくのを心地よく車窓にながしながら高知龍馬空港へと向かった。

万次郎の講義を聴いた岩崎弥太郎（安芸市、筆者撮影）

ハワイの地を最初に踏んだ日本人

ジョン万次郎は米国の捕鯨船「ジョン・ハウランド号」に救助されてホノルルの地を踏み（一八四一年）、さらにはゴールドラッシュの地から帰国せんとしてふたたびハワイの土を踏んだ（一八五〇年）。

では、ジョン万次郎がハワイの地を踏んだ最初の日本人かというとそうではない。一八三九年、「長者丸」（六五〇石積みの北前船。昆布を積んで東廻り航路で薩摩に向かう途中で遭難）の次郎吉らが、ジョン万次郎と同じように米国捕鯨船に助けられ同地に足を踏み入れている。さらには、歩こそ記してはいないものの、一八〇四年、津太夫ら「若宮丸」の漂流民が船上からハワイを遠望し、一八三五年には尾州廻船「宝順丸」の三人（岩松（吉）・久吉・音吉）が花の群れる常夏の地をうらめしげに眺めている。しかし、しかし…じつは、さらにさかのぼる時期にハワイの地を踏んだ日本人が居る。知られざる漂流者がハワイにたどり着いた可能性は否定できないが、少なくとも記録（『夷蛮漂流帰国録』ほか）のうえでは、広島県東広島市安芸津町木谷《きだに》の元屋万助所有「稲若丸」（五〇〇石積み）の船乗りがハワイ（オアフ島）の土を踏んでいることが確認できるのである。この史実を、わたしは「資料編」安芸津町町勢要覧１９９８（企画・編集・発行安芸津町）ではじめて知った。

一八〇六年一月七日、木谷の船乗り六人、岩国の船乗り二人、計八人の船乗り（沖船頭吟蔵）が操る「稲若丸」が江戸からの途次の遠州灘にて破船し、伊豆下田沖からさらに東方へと流された。三月二〇日、さいわいにも彼らは中国から米国に帰る途中の米国船「テイバー号」（Tabour）に救助され、コーネリアス（コルネリウス）・ソウル船長によってオアフ島まで移送された—救助したのはオランダ船だったという記録もあるが、ここでは米国船説をとる—。

四月二八日（五月五日とも）、ホノルル着。八人はことのほか歓待され、カメハメハ一世（一七五八？～一八一九）にも謁見した。彼らは八月までの日々を現地で楽しく過ごし、そののち、米国人アマサ・デラノウ（一七六三〜一八二三）が船長を務める船でマカオに移った。しかし、広州でデラノウ船長が彼らを中国人に渡そうとすると、思いがけず拒絶されてしまう。仕方なくデラノウは、当時日本と交易を許されていたオランダ船に託そうとバタヴィア（現ジャカルタ）まで一行を送り届けることにした。

翌年一月二二日、八人は無事バタヴィアに着いた。バタヴィアにて、二人が命を落とした。マラリアだった。艱難辛苦のなかにあった五月一七日、生きおおせた六人がジャカルタからオランダ船「モンストヒルノン号」で長崎に向かった。しかし、この航海でさらに三人の命の灯が消えた。結局、生きて長崎の地を踏んだのは三人だった。否、着いて早々に一人死んだことを考えると、二人といった方が正しいかもしれない。

生き延びた二人、名を善松《ぜんまつ》と松次郎といった。ふたりは奉行所で取調べ（御改め）を受け、揚屋《あがりや》（牢房）に収容された。そうこうするうち、わが身の将来に絶望したのであろうか、気がふれた松次郎が痛ましくも首を吊って絶命。一八〇七年一一月二九日、ただひとり、平原善松のみが生きて故郷木谷の地に帰った。

「稲若丸」の八人の船乗りが、（少なくとも記録のうえでは）日本人として初めてハワイの地を踏んだ。安芸津町木谷にある重松神社の大成景俊宮司（「稲〇〇」の絵馬を所蔵する三種神社の宮司を兼任）によれば、木谷に「善松漂流記」と題した物語を影絵で上演するグループがあるようだが、いまや「稲若丸」のことを知る人は地元でもそう多くはないらしく、そのあたりのことを大成宮司にたずねると、氏曰く「善松が書き残した物とか遺品があれば、もっと多くの人々の関心を呼んだのかもしれません」。数年前、あるメディアに「善松が帰国した際に外国の硬貨を重松神社に奉納した」と紹介された由だが、氏が蔵のなかを探し、神社の記録を読み直してもそうした事実は確認できなかったとのこと。「硬貨が一枚でも残っていれば状況はまったくちがっていたのでしょうが…」。大成宮司は、そのことが至極残念なご様子であった。

ところで、「ハワイと日本人」とくれば、すぐさま「元年者」という言葉が想起される。一九世紀中葉、捕鯨船に乗ったり、米国西海岸で大盛り上がりをみせるゴールドラッシュにとりつかれたり、あるいは病に斃れるなどして人口が激減したハワイ諸島では、農作業などに従事する人手がかなり不足していた。そうしたなか、一八六〇年、任務を果たし帰国の途にあった「咸臨丸」がホノルルに立ち寄った折、カメハメハ四世が木村摂津守に日本人の移住を懇請した―このとき、ジョン万次郎が通訳を務めている―。さらには、ハワイ政府は横浜

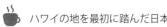

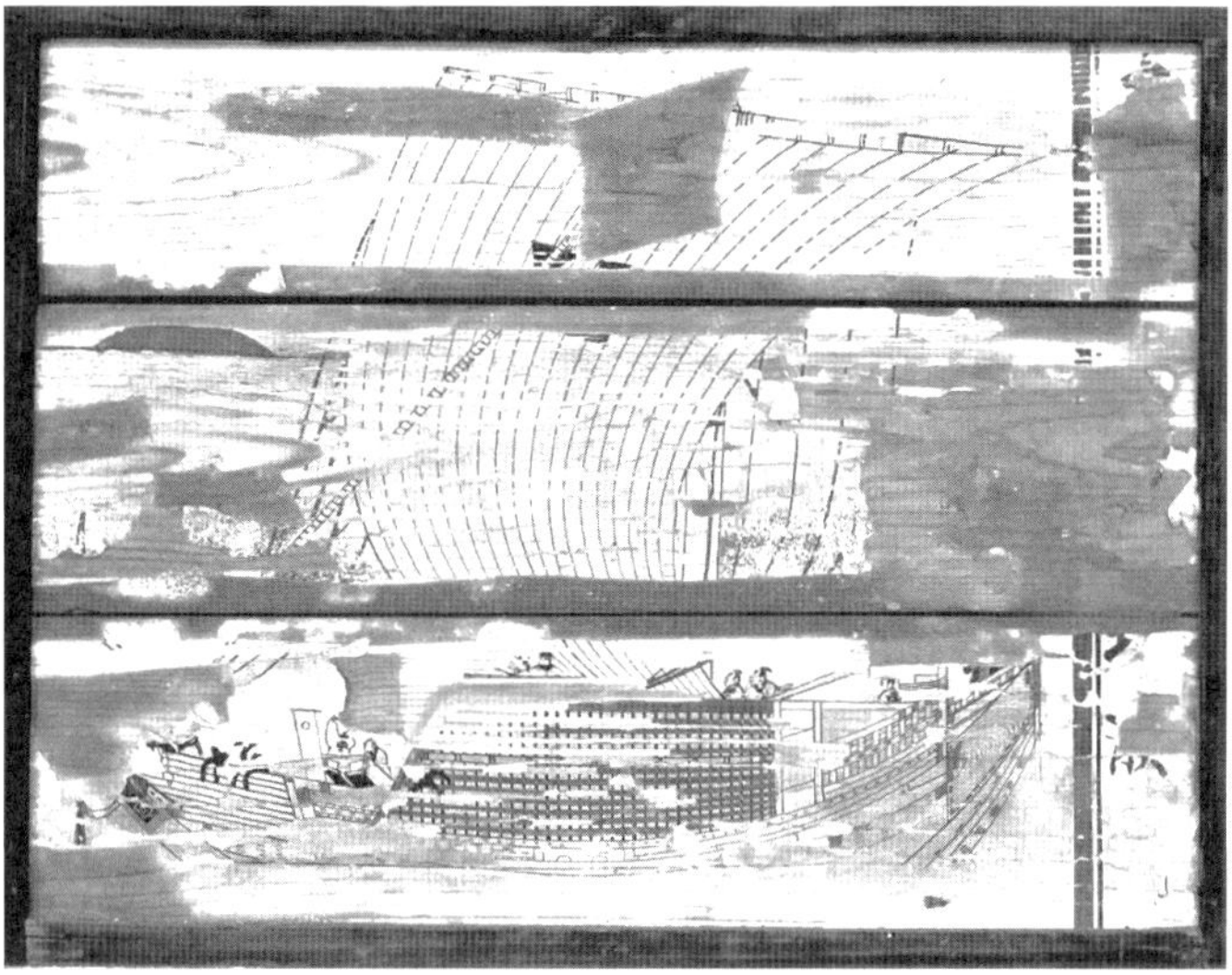

木谷元屋所有船「稲○○」（1500石積み？）の絵馬（三種神社所蔵）

に在住していたオランダ系米国人の貿易商、ユージン・M・ヴァン・リード（Eugene Miller Van Reed）―かつて、高橋是清が騙されたとされる人物（拙著『波濤列伝』「高橋是清のダルマ人生」参照）―を日本駐在総領事に任命し、彼をして移住交渉に当たらせることにした。幕府はヴァン・リードをハワイ総領事として認めなかったもののその一方で、渡航許可と印章（旅券）を交付した。ところが、ときは幕末。幕政を継いだ明治新政府は、前政権が認めた渡航については認められないとの判断を下した。困り果てたヴァン・リードは、無断で出航させる意思をかためた。一八六八年五月一七日、英国船「サイオト号」が横浜を後にし、乗り合わせた一五〇人ほどの日本人がハワイを新天地とすることになった。しかし、「元年者」と呼ばれた彼らの多くは扶持を失った武士や畑違いの職人であり、現地での農作業になじめずに四〇人近くが故国に逃げ帰った。

【参考文献】

安芸津町町勢要覧1998（企画・編集・発行安芸津町）「資料編」
吉村昭『漂流記の魅力』新潮社（二〇〇三年）
高山純『江戸時代ハワイ漂流記―「夷蛮漂流帰国録」の検証』三一書房（一九九七年）

第13話 月島丸は何処へ

消えた商船学校練習船

（今ごろは、常夏の南洋の島でバナナやパイナップルをほおばり、底抜けにあかるい女性たちと陽気に歌って、踊っているのかな…）

Mは横浜の港を見下ろす丘から沖を行く船に目をやり、つぶやくようにひとりごちた。

（みんな、たまには日本に帰ってこいよ…）

Mのひとりごとは、いつしかため息へとかわった。Mは、ある帆船のことを思い浮かべていた。かつて自分も通った東京の商船学校の練習船、「月島丸」（一五二一四総トン）である。一八九八年六月に長崎三菱造船所で竣工したばかりの、当時にあっては最新鋭の練習船だった。全長約七三・三メートル、幅約一一・四メートル、三〇五馬力の補助機関を備える堅牢な三本マストの帆船で、ロイド船級第一級（日本造船規格合格）を取得していた。

明治から昭和初期にかけて、地方の商船学校（函館、富山、鳥羽、児島、島根、粟島、弓削、広島、大島、佐賀、鹿児島）の乗船実習は主に二〇〇～三〇〇総トンクラスの木造帆船や民間委託船で行われ―学校専属の練習船を所有していたのは、函館、鳥羽、広島、大島、鹿児島の商船学校だけだった―、不十分な練習環境であることは否めず、そのため痛ましい海難事故が相次いだ。たとえば、鹿児島の商船学校が所有する「霧島丸」（九九七総トン）が、一九二七年三月九日早朝、銚子沖で消息を絶ち、船長以下二三人の船員と実習生三〇人が犠牲になった。「霧島丸」の事故を受け、一一の地方商船学校は結束した。「もっと大きく、もっと頑丈な練習船がほしい」…そうした思いは、初代の「日本丸」、「海王丸」の建造への大きなうねりとなっていった。

こうした時代にあって、大型練習船「月島丸」を所有する東京の商船学校は格別に恵まれていたといっていい。Mは〝あの日々〟のことを思い出していた。Mにとって、あの日々は決して忘れることのできない日々だった。

一九〇〇年一一月一七日、「月島丸」がこつ然と姿を消した。そのとき、「月島丸」には、航海実習にでる学生七九人、船長以下の職員五人、事務員、医師各一人のほか、水夫一五人、火夫一〇人、製帆工一人、賄《まかない》夫五人、給仕三人、大工二人の計一二二人が乗っていた。練習船「月島丸」は品川沖から北海道の室蘭に向かい、同地で石炭や石油を積み込み、横浜で必要な食料や飲料水を調達し、清水港を最後に、一路南洋に向かうことになっていた。練習船が荷を積むのは少しでも航海費用を捻出するためで、当時の苦しい財政事情が推察される。松本航介船長、山原猪太郎機関長以下、経験豊富な職員、それに、厳しい訓練に耐えてきた優秀な学生たち…。

船長の松本は出雲松江藩士の長男として一八六五年に生まれ、一八八七年二月に商船学校を卒業したベテランだった。「月島丸」の前途に、不安は微塵もなかった。

一八日付の朝日新聞記事「月島丸の行方不明」によれば、「月島丸」は一一日に函館を抜錨し、一五日に金華山沖（宮城県）を航行するところまでは確認されている。ところが、伊豆の石廊崎を過ぎ駿河湾を進むうちに突然の暴風雨に遭い、そののち洋上からこつ然と姿を消した。同日の暴風雨のなか生還した「英進丸」の船長がそのときの様子を「近来稀に見し」暴風だったと証言しており、まさに想像を絶する暴風雨だったのであろう。

政府もすぐに動いた。静岡県庁に連絡し、沿岸の多くの漁師や漁船がかり出された。三〇日、逓信省所属の「沖縄丸」が、横浜から小笠原島付近に向け出港した。小笠原島まで捜索の範囲を広げたのは小笠原近海まで流された可能性を想定したからであり、古来、多くの和船が同じように流されたことを考えてのことだった。商船学校の学生たちによる捜索もなされた。しかし、船影はおろか、布きれひとつ見つけることはできなかった。本当に沈んだのであろうか…。不思議なのは、石油を積んでいたにもかかわらず、その形跡すら見つからないことだった。

白い帆を巻き上げ補助機関で航行する「月島丸」を、多くの船が目にしていた。沖合で難破している「月島丸」を見たという、伊豆大島の漁師の証言もあった。

「日本一の練習船で、羅針盤、天測器、望遠鏡も最新鋭だっていうじゃないか」

「何より、日本一の先生と学生が舵を取っていたんだ」

「だったら、よもや沈んだってことはあるまいよ」

「かりに沈んだとしても、近海だから心配はいらないさ」

人々は口々に言いあった。しかし、事態は思った以上に緊迫していた。その頃、捜索の現場では、「あれを出したらどうだ？イタリアかどこかでやったという、触れれば音を出すやつ…」、「ラッパみたいな形をしたやつだな。やってみようじゃないか」、「大きな磁石で海のなかをかき回すというのはどうだ？」、「馬蹄形の磁石か、たしかにあの船は鉄製だったな」と、喧々囂々、知恵を出し合い、懸命な捜索が続けられていた。しかし、手がかりひとつ得ることができなかった。

いたずらに時間が過ぎていった。それでも、学生の父兄たちは望みを捨てなかった。しかし、心からの願いも空しく、ついにおそれていたその日がやってきた。

「夫にまちがいありません」

松本船長の妻、ときは、沼津に漂着した夫の遺体を前に気丈にこたえた。それは船長（享年三六）の妻としての矜持であり、四歳になる長女を守らねばと思う強い母の姿であった。

学生の寝所のものと思われる板も漂着した。東京日日新聞は一二月九日付の記事で、「（難破は）最早疑ふ可からざるに至れり」と報じた。機を一にして、新聞各社は船長の責任を問う記事をしきりに掲載した。しかし、予想に反し、世間の声は温かかった。事故は商船学校の学生を厳しく指導する船長の使命のなせるところであり、「軍艦の戦場に臨むが如きものである」と理解を示した。

民法学者で東京帝国大学教授の川名兼四郎は「私法の眼鏡でみる」と題した講演を行い、海難における失踪宣告制度の話をやさしく解説した。失踪宣告とは、船舶が沈没したのちに不明のまま一定期間が経過した場合、本船が沈没したときを以って死亡したものとする制度であり(民法三〇条2項、三一条)、危難失踪または特別失踪とも呼ばれている。不明のまま生存者として扱われることで生じる財産関係や身分関係上の混乱を避ける主旨であり、失踪期間は一年となっている――川名教授が説明したときは三年であり、一九六二年法律40号で一年に短縮された――。

何らかの負の影響が心配された商船学校だったが、事故の翌年の入学志願者は激増し、それに安堵した学校は、実習のみを目的とする堅牢な練習船「大成丸」(二二八七総トン)の建造を決めた。

月日は過ぎゆき、世間は、「月島丸」の遭難などまるでなかったかのように話題にすらしなくなった。Mはあらためてしみじみ思った。(あの時、「チチ、キトク、スクカエレ」という電報さえ来なければ、念願かなって晴れの出港になっていたはずだ…)。

東京の商船学校は一九二五年に東京高等商船学校、一九四九年に国立商船大学、そして、一九五七年には国立東京商船大学――現在は東京水産大学と合併し、国立大学法人東京海洋大学となっている――と改められ、練習船は堅牢なものとなり、不幸な事故は激減した。Mはときの流れをいまだ行方の知れない友に報告し、老いを重ねるうちに静かに永い眠りについた。(やっと、やつらに会える…)。Mのほほに、かすかに笑みがのこされた。

【参考文献】
大野黙之助『運命信者たらん』国立国会図書館デジタルコレクション(一九二五年)
藤枝盈『嗚呼練習船月島丸』「嗚呼練習船月島丸」刊行会(一九六三年)

第14話

練習船海王丸の航跡
多くの実習生を乗せた帆船

「おじいちゃんのお父さんはあのお船に乗っていたの？」

「そうだよ。Jちゃんのひいおじいちゃんはあの船に乗って、たくさん勉強して船乗りになったんだ」

Jに「おじいちゃん」と呼ばれた老人は、青空に帆柱を立てる帆船に目をやりながら、亡き父の面影を大海原に追った。

帆船「海王丸」。練習船が不備だったために起こった多くの凄惨な事故の反省を踏まえ、「日本丸」とともに建造された練習船である。四本マストのバーク型、メインマストは水面から四六メートル、総帆数は二九枚、ディーゼル機関二基を備えた大型帆船（全長九三メートル、幅一三メートル、二二三八・四総トン）で、最大速力は一〇ノットを超えた。スコットランドのラメージ・エンド・ファーガソン社の設計を基に神戸の川崎造船所で起工され、一九三〇年二月一四日に進水、五月一九日に竣工した。しかし、建造過程で一部の手直しにトラブルが発生し、また、蒸気機関ではなくディーゼル機関ということもあって、担当する池貝製鉄所はかなり難渋した。

一〇月四日、処女航海に出た。夏は主に北太平洋を米国西海岸に向けて航海し、冬は南洋諸島海域をまわった。その船影は、姉妹船の「日本丸」と瓜二つだった。しかし、この二船、船風（性格）が大いに異なっていた。船は船長の性格によってかわるとされ、船風は船長そのものといっていい。「海王丸」の初代船長は、三井物産船舶部不定期船出身の宮本吉太郎だった。進取の気風にあふれた剛腕船長で、日本郵船会社出身で学究肌の「日本丸」船長、長田

海王丸パークに浮かぶ初代海王丸（伏木富山港、筆者撮影）

堯春とは対極をなしていた。

「海王丸の船長さんはとても厳しい人だったたって、よく、Jちゃんのひいおじいちゃんが言っていたな」

「どんな風に？」

「たとえば、朝早くから海水で甲板の掃除をさせるんだって。もちろん、はだし。ズボンの裾をたぐりあげて、椰子の実で一所懸命に磨いたそうだよ。手はかじかんで、だんだん感覚がなくなる…」

「へぇ…。ほかには？」

「ほかには、か。Jちゃんは好奇心旺盛だな」

老人はそう言って、男の子の頭をやさしくなでた。夏休みに東京からひとりで遊びに来てくれた孫の成長に目を細めながら、「真冬に東京の品川沖で耐寒訓練したり、荒波のなかで小船を操縦させたりしたらしいよ」と、言葉を継いだ。

「たいへんそう。でも、その船長さんは、ほんとうはとても優しかったと思うよ」

「どうしてそう思うんだい？」

「だって、いざという時に生きて帰れるように厳しくしたってことでしょっ」

「ほう、Jちゃん。小学生なのによくわかるね」

「海の男の血筋ってとこかな」

　老人の、少年を見る目がさらに優しくなった。外航船の船長だった老齢の身にとって、海の男の血筋という孫の言葉はけだし至言と言ってよかった。

「ふつうは太平洋をアメリカの西海岸まで海流と風に乗って航海するんだけど、この船長さんはその逆に挑戦したんだ」

「えっ、逆？」

「そう、時計と反対回り」

「それで、それはうまくいったの？」

「うまくいったらしいよ」

　老人は、おもむろに空を仰いだ。

　ふたりが話しているのは、一九三四年の第一〇次航海でのことである。船長の宮本はアリューシャン列島の北側を西航すればうまくいくと考えた。しかし、ことは思い通りにいかず、やむなく南側を航海し、シアトルを出てから五四日かかってやっとのことで横浜に帰港した。「海王丸」の挑戦は失敗に終わった。宮本はあきらめきれず、翌年、バンクー

横浜日本丸メモリアルパークに浮かぶ初代日本丸（横浜港、筆者撮影）

バーから横浜をめざした。が、またしても失敗―苦難の末、この航海は六四日もの月日を要して完遂された―。

こうした失敗はあったが、宮本による剛毅朴訥な訓練は練習生の心に刻み込まれ、多くの優秀な船乗りが巣立っていった。「海王丸船歌(作曲・作詞未詳)」という歌がある。歌詞に「暁映ゆる碧空に／玲瓏高き芙蓉峰／清き姿を心とし／剛毅朴訥向上の／正気溢るるその所／我等が船ぞ海王丸」とあるが、さもありなんといったところか。

「あんなにきれいな船なのに、〝ゴウキボクトツ〟ってておかしぃね」

「でも、ひいおじいちゃんはそのおかげで船乗りになれたんだよ」

「そうだね。それで、海王丸はその後どうなったの?」

「人生いろいろ、お船だっていろいろ♪」

老人は、目の前に咲き群れるマリーゴールドの花越しに「海王丸」を眺めた。その視線の先には、長い橋―新湊大橋。二〇一二年に開通した、日本海側最大の斜張橋―が優雅に羽を広げている。

死ぬ思いも味わった。一九四〇年九月、中国の青島から横浜をめざしていた「海王丸」は、種子島の東方七五海里あたりを帆走しているときに台風に遭遇した。今日のように詳細な気象情報が入手できるわけもなく、「海王丸」は太平洋上で自然の猛威に翻弄された。

そののち、「海王丸」は各様に帆躍した。良風をうけて帆をいっぱいに張り、「海の貴婦人」として実習生らと戯れた。しかし、時代はそうした優雅な日々を許し続けるほど寛容ではなかった。一九四三年一月、日本鋼管浅野造船所（現在のジャパンマリンユナイテッド）にて帆装を解かれ、その後は瀬戸内海での軍事訓練に従事した。戦火をくぐりぬけると、引揚船、送還船となった。そして、サン・フランシスコ平和条約後の一九五五年一二月になってようやく帆装に復帰し、翌年から帆走を再開した。四月～九月は東京、神戸の商船大学の実習生を乗せて太平洋を横断し、一〇月から翌三月にかけては全国にある五つの商船高等専門学校の実習生を乗せてハワイ諸島の港をめぐった。

一九六〇年、勝海舟（このときは麟太郎を名乗っていた）艦長操船の「咸臨丸」―小笠原諸島のわが国領有に絡んで、拙著『波濤列伝』（第26話）参照。ちなみに、先日（二〇一七年一一月二四日）の北海道新聞電子版で、一八七一年に北海道木古内町のサラキ岬沖で沈んだとされる「咸臨丸」の調査に、東京海洋大教授とオランダ文化庁の調査官が乗り出したと報じられた―が太平洋を横断してから一〇〇年経ったその年、「海王丸」は太平洋をわたった。乗組員らはサン・フランシスコで咸臨丸記念碑の除幕式に参列し、市庁舎までパレードした。至るところで歓待され、ようよう帰路につくべくホノルルをめざした。

「ところで、Jちゃん。海の上で陸地を見つける方法を知っているかい？」

老人は、すこし飽きかけている孫に話しかけた。

「島を見つける？　レーダーとか…」

「そんなものが無い時代のことだよ。たとえば、鳥を船の上から放すんだ。陸地を見つけると鳥はそこに向かって飛んでいくし、見つからないときは船に帰ってくる」

島という字は、山のてっぺんに鳥が止まっている図である―嶋―。

「へぇ、そうなんだ」

「ほかにも陸の匂い、たとえば、椰子の実の匂い、とか。名も知らぬ遠き島より流れ寄る椰子の実ひとつ♪…Jちゃん、知らない？」

「しーらない」

「……」

小学生が、島崎藤村作詞の曲など知っていようはずもない。

「あと、水平線上に浮かぶ特殊な雲。笠のような雲があれば、その下に島があるかもしれない」

「……」

「それから、うねり。波が陸地にぶつかってうねりになるんだけど、その方向をみればだいたい陸地の位置がわかる」

「さすがだね、おじいちゃん。でも、もういいや」

老人は自慢げに指で軽く〝グッジョブ〟（good job）のサインをだしかけ、孫の冷めた言葉にすぐさまその指をひっこめた。

一九八九年、四本マストバーク型の二代目「海王丸」が竣工した。全長一一〇・〇九メートル、幅一三・〇八メートル、乗組員六九人、実習生一三〇人を定員とする新たな帆船練習船の誕生。しかしそれは、初代「海王丸」の引退を意味していた。

初代「海王丸」…いまは伏木富山港にその船影をしずかにとどめ、年に一〇回ほど総帆展帆が行われている。

＜追記＞
「日本丸」の代替建造（一九八四年、住友重機械工業追浜造船所浦賀工場で竣工）を機に二代目「日本丸」に「藍青《らんじょう》」、初代「海王丸」には「紺青《こんじょう》」という名前の船首像（フィギュアヘッド）が取り付けられ、そののち、初代「海王丸」の船首像は二代目「海王丸」（一九八九年、住友重機械工業追浜造船所浦賀工場で竣工）に移設された。
ちなみに、「藍青」は「気高く優しさのうちに凜々しさを秘めた日本女性」を表現し、航海安全、実習生、乗組員の幸福のために合掌している。一方、「紺青」は「藍青」の妹で、典雅な気品を備え横笛を吹く姿であり、嵐を鎮め、実習生、乗組員に荒波を乗り切る勇気を与え、人々を幸せにする力を持つことを願っているという（逸見真編著『船長職の諸相』山縣記念財団（二〇一八年）七〇～七二頁）。

【参考文献】

中村庸夫「帆船海王丸の航跡—中村庸夫写真集」講談社（一九八〇年）

蝦夷地と大坂を結んだ西廻り航路

「海王丸」を見学したのち、「伏木北前船資料館」に行ってみた。かつての廻船問屋で、船の往来を視認するための望楼のあるとても趣のある建物である。安芸（広島）出身の秋元家（本江《ほんごう》屋）が船頭や水主らの宿として開業し、そののち、「長生丸」、「幸徳丸」といった千石船（弁才船）を所有し廻船問屋を営むようになった―一八世紀の伏木では、秋元家のほか、藤井家（能登屋）、堀田家（鶴屋）、堀家（西海屋）などの廻船問屋が覇を競い、街は大いににぎわった―。

　建物のなかにはいると、親切そうな係員―Nさんとしておく―がきょろきょろするわたしに話しかけてきた。リタイアしたのちボランティアとして伏木を舞台にした歴史絵巻を説明しているらしく、それなりに高齢である。

「あの望楼は、商いから帰ってくる自分の船をいち早く見つけるためのものです。のぼることもできるので、あとでぜひ行ってみてください」

　Nさんは、たんたんと説明した。

伏木北前船資料館。奥に望楼がみえる（筆者撮影）

「なぜ早く見つける必要があるのですか？」

「いい質問ですね」

わたしの質問に、Nさんは嬉しそうにうなずいた。そして、「宴会の準備やら、お風呂の準備やら。船乗りさんたちはみんなおなかを空かせているし、温かいお湯に早くつかりたいんでしょうね」とやさしく答え、さらに言葉を継いで、「ここでは、北前船とは言わずに「バイ船」と呼んでいます。「買い積み」といって、みずから品物を買い取り消費地で売り渡すという商売だったからでしょう。それに、儲けが二倍、二倍…」と、かつてのテレビCMをもじって大きな声で笑った。

「北前船、つまり千石船は一隻つくるのに約千両かかったけど、蝦夷地、大坂を年に一航海するだけで元がとれたようですよ。もちろん、航海の危険は多かったでしょうけど」

Nさんの名調子は続く。

「でも、ここの秋元家はなかなか儲からなかったみたいです」

ここまで話して、Nさんはようやく一息ついた。

かつて宿屋だったこともあり、建物は広い。立派な蔵もあり、なかには貴重な絵馬が陳列されている。在りし日をしのびながら建物のなかを探索し、望楼へと至る急な階段ものぼってみた。いまは陸地となってい

森家内部（筆者撮影）

るが、かつてはすぐそこまで海が迫っていたらしい。しばし目を閉じ、あまたの和船が往来する光景を思い浮かべてみる。う〜むじつに壮観。

　伏木北前船資料館を出て、「森家」を見学するため車で岩瀬をめざした。森家もまた、かつての北前船の廻船問屋である。明治期の建物（一八七八年竣工、国指定重要文化財）で、往時の北前船の繁栄ぶりを彷彿させる。

「ようこそ、森家へ。この森家は…」

　ガイドとおぼしき初老の男性が声をかけてきた。そのおだやかな話しぶりが、当家の往時を追懐させるのにじつに相応しい。

「棟梁は京都の東本願寺を普請した親方で…そうそう、この畳、〝半畳〟（一畳の半分）になっているでしょ。商売繁盛を願ってのことなんです」

　なるほど…（納得）。

「トイレにも行ってみてください。屋久杉が使われていますよ」

　そう促され実際に行ってみると、たしかに立派な屋久杉の板戸があり、せっかくだからと小用をたした。

　森家を出て、風趣ある岩瀬の街並みを散策した。散策しながら、（北前船が出入りした浦々を訪ねてみるのもおもしろそうだ）と考え至り、どうしたわけか、青森の深浦や鰺ヶ沢の名が浮かんだ。さっそく、「奥津軽北前船取材旅行」と名付けた旅程表を作成し、現地に飛んだ。

　深浦では北前船の船乗りたちが航海の無事を祈った「円覚寺」、北前船に関する資料を展示する「風待ち館」、船乗りたちが渇いた喉を潤した神明寺の「トヨの水」、北前船が行き交った往時がしのばれる行合崎など、鰺ヶ沢では津軽藩の奉行所跡などを訪ねた。

　海を見下ろす小高い丘に建つホテルがその日の宿だった。温泉に浸かりながら、その日のことを思い浮かべた。夕食の膳には烏賊をはじめとする海の幸が溢れ、おいしい地酒が喉をうるおした。夕食を終えると、

円覚寺（筆者撮影）

名水「トヨの水」（筆者撮影）

ロビーに設けられたステージで津軽三味線の生演奏があるとのアナウンスがあり、行ってみると、齢のいった奏者が、「有名な女性演歌歌手と何度もテレビに出たことがある」と自慢しながら激しい三味線の旋律と歌声を披露していた。

気分はすっかり津軽。ほろ酔い加減で、「ご覧、あれが竜飛岬、北のはずれと♪」と口ずさむ。ロビーフロアのラウンジでくつろいでいると、白髪交じりの女性が、「このホテルの語り部です。鯵ヶ沢のことをもっとお知りになりたいですか?」と声をかけてきた。「はい」と言って座を組むと、彼女はおもむろに話をはじめた。豈図らんや、その老婆が語る話は身の毛もよだつような内容だった。心なしか館内の照明も暗くなったように感じられた。

「江戸時代の旅行家に、菅江真澄（一七五四〜一八二九）という旅人がおった。一七八五年の夏、鯵ヶ沢に着いた菅江は、地元の人から思いがけないことを耳にする。当時、北前船が遭難すると、村人たちは総出で漂流物をあさった。名主に届け出ると、謝礼として一割がもらえた。もちろん、届け出ない者も多かった。いずれにせよ、それらは、彼らにとって貴重な収入源だった。その当時、最悪期は脱したとはいえ飢饉続きで、東北の村々はその日口にするものもないほどに貧しかった。世に知られる、「天明の大飢饉」。餓死者は一〇万二〇〇〇人。三万軒が死に絶え、三万人以上が病死、夜逃げは八万人に及んだ。鶏、犬は言うにおよばず、馬、ひどいときは人肉まで食らった。もちろん、人肉を食べたことがわかれば極刑が待っている。それでも、背に腹は代えられない。わが子を殺し、遺骸を川に流す母親もおった。至るところに白骨化した死体が散らばり、それはまさに〝地獄絵図〟のようであったという…」

老婆の話は実際にあったことであろうが、くつろぐわたしの心を思いっきり打ちひさいだ。（温泉で温まろう）…―風呂浴びなければ眠れそうになかった。

深更、露天の風呂からは湯気が白くたちのぼり、湯気のはるか上空には、あまたの星が悠久のときのなかに息づいていた。

【参考文献】
宮本常一『辺境を歩いた人々』河出書房新社（二〇〇五年）

第15話　信濃丸の回顧録

一九〇五年五月二七日払暁、仮装巡洋艦のわたしは、「敵艦らしき煤煙見ゆ」と無線電信で通報した。無灯火指示を守っていなかったために、幸運にもわたしはそれを見つけることができたのだ。敵陣形から必死に逃げながらも、わたしは胸躍らせていた。半信半疑…本当に敵艦なのか確信はなかった。あとでわかったことだが、敵艦隊ではあったがそれは病院船だった。暫くして、無灯火で航行する多数の艦影を視認した。

—まちがいない—

五時過ぎ、ふたたび通報した。旗艦「三笠」に早く届いてくれ…わたしは心から祈った。

それにしても、東郷平八郎司令長官が乗船された旗艦「三笠」は、本当にすてきだった。予算難のなかどうしても主力艦を建造したい山本権兵衛海相が西郷従道内相に相談すると、西郷は「造ればよか。いざとなればふたりして二重橋の前で腹を切ればよか」と建造を専断した。その甲斐あって、「三笠」は日露戦争に間に合った。主力艦四隻（「三笠」、「敷

東郷平八郎聯合艦隊司令長官（国立国会図書館ウェブサイトから転載）

島」、「朝日」、「富士」）を中心とする聯合艦隊の完勝—perfect battle。聯合艦隊は水雷艇三隻を失ったが、それは敵艦攻撃によるものではなかった—。あのときの「三笠」の勇姿は冥途のみやげだ。

一九〇五年九月一〇日、火薬庫の爆破で一度は沈んだが、よみがえった。わが国独立の誇り、〝国民自重の精神〟（小泉信三）である「三笠」は永久に保存されて然るべきである。太平洋戦争後、ソ連（現在のロシア）が「即刻破壊すべし」というのを英米が「実害はない」と抵抗したという話を耳にしているが、どうか、「三笠」の勇姿を後世まで留めてほしい—一九五八年一一月四日に「三笠保存会」が発足した。政府支援や民間企業からの募金は苦戦したが、個人からの募金は目標額を大きく上回った。たとえば、山口県の二四歳の青年は、節約した通勤バス代を募金した。ほかにも、米軍横須賀基地の水兵らが一〇〇万円寄付した。その甲斐あって、今日、横須賀の地で「三笠」の在りし日を偲ぶことができる—。

横須賀市に保存されている旗艦「三笠」
（筆者撮影（一部修正））

　さて、わたしの発した無線電信は、防護巡洋艦「厳島」を中継し、鎮海湾に待機する旗艦「三笠」に届いた。わたしからの「二〇三地点ニ敵ノ第二艦隊見ユ」という知らせに、東郷司令長官はすぐさま動いた。司令長官の指揮下、秋山真之中佐は大本営に宛てて「敵艦隊見ユトノ警報ニ接シ聯合艦隊ハ直チニ出動、コレヲ撃滅セントス、本日天気晴朗ナレドモ浪高シ」と打電し—いまになって思うのだが、秋山中佐の電文はその日の天候を知らせるとともに訓練を積み準備万端の自艦隊の優位性を伝えるもので、端的にして気高い一文だった──、「皇国ノ興廃此ノ一戦に在リ、各員一層奮励努力セヨ」のZ旗を「三笠」のマストに棚引かせ、聯合艦隊は敵艦隊を殲滅すべく同湾を出港した。

わたしはそのことを知り、心から喜んだ。わたしは、そのときのことを昨日のように思い出す。五〇年の生涯…いろいろなことがあった。数奇な一生であった。しかし、いささかも悔いることはなく、一点の曇りもない。あとは静かに深い眠りに就くだけだ。かつての仲間との再会が待ち遠しい。

目を閉じると、生まれ故郷の風景が浮かんでくる。英国グラスゴーのデビット・ウィリアム・ヘンダーソン社。六三八八総トンという、当時としては大柄な貨客船として命を授かった。ほんとうは長崎の三菱造船所で生まれるはずだったが、同僚の「常陸丸」が難産で同所のスケジュールが大幅に狂い、わたしは英国での出産となったと聞いている。「常陸丸」…あれは悲しい最期だった。じきに会えるだろうが、いまは冥福を祈るしかない。

一九〇〇年四月、わたしは主人（日本郵船）のシアトル航路に就航するという使命を帯び、生まれ故郷を離れた。作家の永井荷風さん（一八七九〜一九五九）を乗せたのもそんな時期だったと思う。たしか、一九〇三年だった。お父様のご意向で実業の勉強に行くと言っておられたが、結局はなじめず作家になってしまった。もしかしたら、わたしが居なければ、永井さんは『あめりか物語』を書けなかったかもしれない。

一九〇四年二月六日、日露戦争開戦。わたしはいきなり帝国陸軍に呼び出され、「おまえを御用船として徴用する」と言われた。何が何やらわからないまま、その命に従った。しかし、それは長続きしなかった。突然の解雇。（勝手に呼び出しといてなんだと怒ってはみたものの、どうしようもなかった。

元の職場に戻ろうとしていたら、今度は海軍さんの登場だ。「おまえを呉鎮守府所属の仮装巡洋艦に任用する」。仮装巡洋艦…どうやら、商船であるわたしを万能艦とされる巡洋艦に仮装するらしい。わたしは抗う間もなく、拝命した。

それこそ日露戦争中はいろいろあったが、いまから思えばいい経験ができた。先にも触れたように、露バルチック艦隊をいち早く発見し故国を救うこともできた。

日露戦争が終わると、元の職場であるシアトル航路に復帰した。仲間は温かく迎え入れてくれた。しかし、その後の人事異動で、わたしは神戸・基隆《キールン》間航路に配転となった。突然のことで驚いたが、そのときのこともじつに思い出深い。何があったか詳細に入るまえに、まずは、ある人物のことに触れないわけにはいかない。日本人初となる欧州航路の船長、郡寛四郎船長（一八五八〜一九四三）である。海に面していない会津の出身だった。みんなから「なんで会津の人が船長に？」と不思議がられていたが、岩崎弥太郎さんが関係しているとのことだった。ありありと思い出す。郡船長は、ほんとうに船長らしい船長だった。わたしが世界史の舞台に少しだけだが触れることができたのも、船長のおかげだ。一九一三年八月九日早朝、わたしは、台湾経由で日本に亡命しようとする孫文（一八六六〜一九二五）を乗せ神戸港に入った。そのときの船長が郡さんだった。袁世凱から孫文の亡命阻止を依頼されていた日本政府は四人の警官をわたしの元に派遣し、事務長に船内をくまなく案内させた。その折、郡船長は船長室の奥の小部屋に孫文をかくまい、当局に引き渡そうとはしなかった。じつに爽快な心持ちだった。権力に屈しない革命の志士を、わたしは乗せたのである——拙著『波濤列伝』海文堂出版（二〇一三年）第10話「孫文の亡命を手助けした会津人」参照——。すべては、郡船長のおかげだ。

そののち、わたしは職場を転々とした。それに連れ、主人は近海郵船、日魯漁業、太平洋漁業と変わった。太平洋漁業時代で思い出すのは、あの「笠戸丸」（一九〇〇〜四五）と船団を組んでカムチャッカ沖まで漁に出たことだ。「笠戸丸」はわたしと同じ英国生まれで、日露戦争を経験し、一九〇八年、第一回ブラジル移民船として七八一人の移民を運んだ。

北洋での航海は厳しくもあったが、ここが墓場と定め日々を過ごした。しかし、そんななか、わたしは再び戦場へと駆りだされることになった。太平洋戦争である。わたしは輸送船という任務を与えられた。齢四〇を過ぎての戦場はさすがにつらかったが、お国のためとあれば奮励するしかない。わたしは覚悟を決めた。しかし、老体という事実はごまかしようがなく、体はボロボロ、浮いていられるのが不思議なくらいだった。陸軍の兵士でのちに有名な漫画家となった水木しげるさん（一九二二～二〇一五）が、「触ると鉄板がはげるのではないか、と思った」と証言しているくらいだから、傍からみてもみすぼらしかったにちがいない。

　よくぞあの戦火をくぐり抜けられたものだ。さすがに、（これで終わりだろう）…そう思った。しかし、今度は、「引揚船として最後の奉公をしろ」ときた。あとで知ったのだが、作家の大岡昇平さん（一九〇九～八八）がわたしに乗船し復員したそうだ。『俘虜記』、『野火』、『レイテ戦記』などが世に出たのはわたしのおかげだろうか、などと考えると嬉しくないことはないが、それはいまになって思うことで、老体に鞭うつ日々はほんとうに老身にこたえた。

　そろそろ時間のようだ。わたしの人生、恵まれたものでした。ありがとうございました。そして、みなさん、「さようなら」…。

一九五一年　信濃丸

【参考文献】

福井静夫「「信濃丸」の数奇な運命」（文藝春秋編『文藝春秋にみる「坂の上の雲」とその時代』文藝春秋（二〇〇九年））

東郷平八郎元帥と宗像大社

福岡県宗像市にある宗像大社は、二〇一七年、「神宿る島」宗像・沖ノ島と関連遺産群の構成資産として世界遺産に登録された。

宗像大社は、皇室の御祖先で皇祖と呼ばれる天照大神《あまてらすおおみかみ》の御子神（宗像三女神）を祀る神社である。沖ノ島に鎮座する沖津宮《おきつぐう》、筑前大島の中津《なかつ》宮《ぐう》、総社辺津宮《へつぐう》からなり、とりわけ、沖ノ島は、古い時代から朝鮮半島などとの交易の航海安全を司る神として崇められてきた。

宗像大社は日露戦争（日本海海戦）とつながりが深い。世上よく知られている日本海海戦は沖ノ島至近の洋上で繰り広げられ、沖津宮に奉職していた宗像大社の神職がその戦いの一部始終を記録にのこしている、と大社作成のガイドブックにある。

宗像大社総社（筆者撮影）

海戦後、東郷平八郎司令長官は宗像大社の神恩に感謝し、旗艦「三笠」の羅針盤を奉納した。現在、宗像大社では毎年五月二七日に沖津宮現地大祭が行われているが—このときだけ、抽選で選ばれた人が禊を終えたのち沖ノ島に渡ることができる—、これは日本海海戦開戦と関係がある（『むなかたさま（第三版）—日本神話から現代までの歴史』宗像大社（二〇一四年））。

日本海海戦記念碑（福岡県福津市大峰山自然公園、筆者撮影）

ENGLAND EXPECTS THAT EVERY MAN WILL DO HIS DUTY.

過日、海洋立国懇話会でお世話になっている高橋憲行氏からロイズ保険協会ネルソンコレクションに保存されているトラファルガー海戦航海日誌（LOG-BOOK）の原本の写しをいただいた。

大英帝国海軍巡洋艦ユーリャラス（Euryalus）艦長が海戦の様子を時々刻々綴ったなかの、一八〇五年一〇月二一日の頁の写しである。ナポレオン戦争中でもよく知られているトラファルガー海戦（Battle of Trafalgar、一八〇五年一〇月二一日）。旗艦「ヴィクトリー」で指揮をとるネルソン提督（Horatio Nelson、子爵、一七五八〜一八〇五）は迫りくる仏西連合艦隊をジブラルタル海峡の入り口を扼するトラファルガーの沖合で捕捉し、縦二列に組む隊形（世に知られる「ネルソン・タッチ」）で海戦を挑んだ。

ENGLAND EXPECTS THAT EVERY MAN WILL DO HIS DUTY.
（英国は各員がその義務を全うすることを期待する）

ネルソン卿は艦隊各員を鼓舞すべく、信号士官に命じ上記内容を発信した―当初 CONFIDES（確信する）という単語を考えたが、信号士官が信号旗の数が多くなることを理由に EXPECTS に変更したいと具申した―。

この有名な信号文、それより何より、縦列船隊の先頭に立って敵艦隊に突撃し敵の母国上陸を阻止した輝かしい戦績、そして、配下の者を楯とすることなく勇しく戦死した史実を以って、卿は今日でも英国の英雄とされている。

東郷平八郎司令長官が「皇国ノ興廃此ノ一戦ニ在リ、各員一層奮励努力セヨ」のZ旗を掲げさせたのは、このトラファルガー海戦からほぼ一〇〇年が経った一九〇五年五月二七日のことである。

第16話

常陸丸事件
通商破壊の犠牲となった商船

ある居酒屋での会話

今宵も東京新橋は夜の帳《とばり》につつまれ、多くの酔客をのみこんでいる。通りから一本路地をはいったところに古くから店を構える居酒屋X。大将の焼く魚の煙が小さな店内に満ち、歴史好きの面々、A、B、Cの三人が、用意してきたネタを肴に杯を重ねている。いつものように、Aが話を切り出す。

A「駆逐艦 雷《いかづち》 の艦長（工藤俊作）が漂流する四〇〇人超の敵兵を助けた—第23話参照—のは、祖父母に聞いた上村《かみむら》将軍の話を思い出したからだって知っていた？」

B・C「……」

A「おっ、さすがのBさんもご存じない」

上村率いる聯合艦隊第二艦隊が蔚山《うるさん》沖海戦（一九〇四年八月一四日）において「リューリク」をはじめとする露ウラジオストック艦隊を打ち負かした際—敗走する敵艦を追いかけるも、「弾丸なし」との報告に、上村は怒り心頭に発し追うのを断念した—、彼は漂流する敵将兵六二七人の救助を命じた。

B「上村将軍って、〝露探提督〟とか言われて、自宅に石を投げ込まれ、「腹を切れ！」とばかりに短刀を送りつけられた、あの上村彦之《ひこの》丞《じょう》中将のこと？」

C「ろたんって？？？」

B「ロシアのスパイのことさ」

C「なるほど…でも、Aさんの話ではその上村っていう人はりっぱな軍人さんみたいだけど、なんでそんなひどい目にあったんだい？」

B「自分の護る海域で日本の商船がロシアの軍

艦に襲われ、防ぎきれずにその商船は沈んでしまったんだ…」

Bが、上村将軍の悲運について、その経緯を話し始める。一九〇四年六月一五日、日本郵船所有の「常陸丸」が近衛後備歩兵第一聯隊、第一〇師団糧食縦列などを乗せ、宇品港から中国をめざし玄海沖を西航中にロシアの三隻の装甲巡洋艦（「リューリク」、「ロシア」、「グロモボーイ」）に襲われた。「常陸丸」は沈没し、一四七人は助かったものの一〇九一人（陸軍九五八人、海軍三人、乗組員一三〇人）もの尊い命が海の藻屑と消えた。三隻の装甲巡洋艦は最初こそ空砲だったが、そのうち実弾を発射し、近接射撃するに至った。「常陸丸」の船内は、修羅の巷と化した。英国人船長のJ・キャンベル（「明治丸」の元機関長）、機関長J・H・グラスらは火中に命を落とし、負傷した聯隊長の須知源次郎中佐は聯隊旗と重要書類の奉焼を命じたのち皇城（皇居）を遥拝し切腹して果てた。残る二〇人の将官も、ある者は銃口を己が身に向け、ある者は海にその身を投げた。「常陸丸」は、わが国初となる五〇〇〇総トンを超

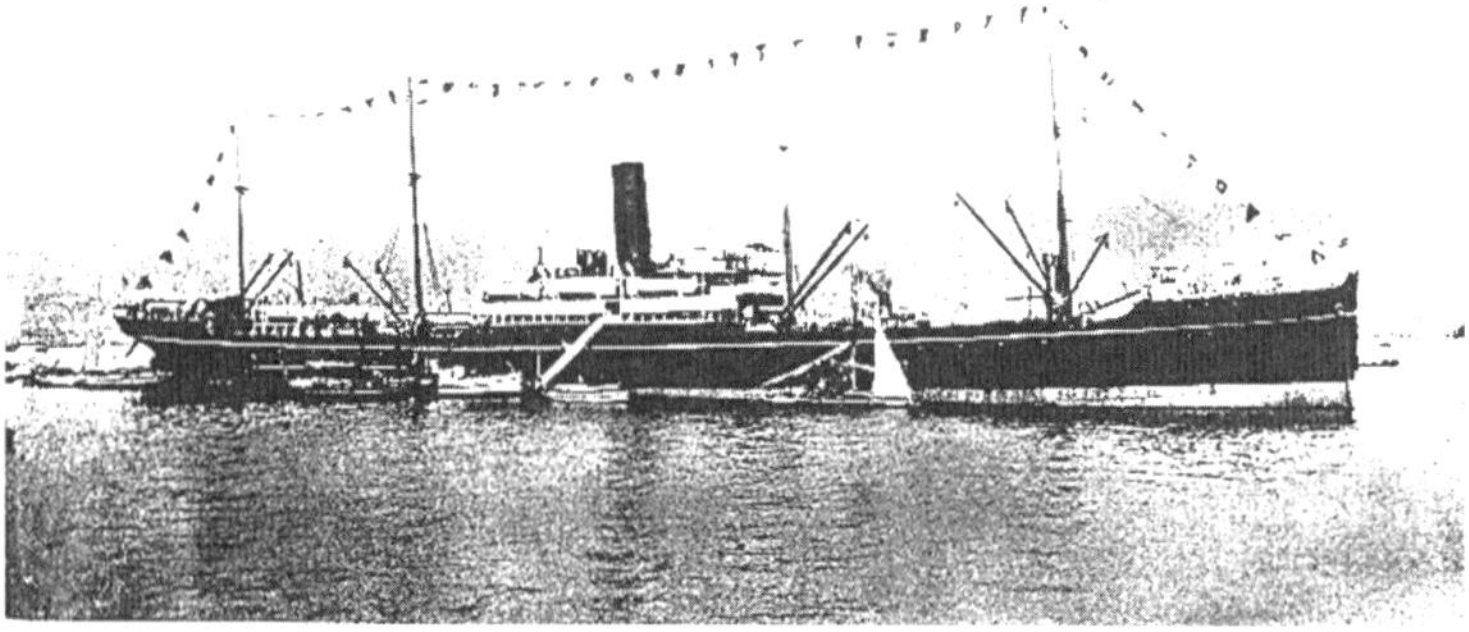

初代常陸丸（日本郵船歴史博物館蔵）

える商船の一隻だった。一八九五年、日本郵船は欧州航路に投入すべく六〇〇〇総トンクラスの商船を六隻建造することを決め、五隻を英国に発注し、一隻を三菱長崎造船所に発注したが、このとき、三菱長崎造船所に発注されたのが「常陸丸」である。三菱長崎造船所は明治政府から三菱に払い下げられた（一八八七年）ばかりの造船所で、大型船の建造実績はなかった。案の定、「常陸丸」は難産だった。工事が進んでも、英国ロイドレジスター（LR）から派遣された検査員がいろいろ難癖をつけ合格をださない。彼は、日本での建造を快く思っていなかった。日本側は途方にくれた。しかし、あきらめるわけにはいかない。どうにかこうにかLRから新たな検査員を招き入れ、やっとのことで検査に合格した——一八九九年一一月、わが国に帝国海事協会（現在の日本海事協会）が設立され、その後同協会が世界的に認められるにつれ、わが国の造船技術は英国の仇（＝「常陸丸」に対するLRの嫌がらせ）を昭和の長崎で討つなどと言われるまでになった——。六一七二総トン。全長一三五・六メートル、幅一五メートル、三八四七馬力、速力は一四・二ノットを誇った。煙突を中央に据え、帆走ができるよう四本のマストを有していた。一方、敵方三隻はロシア帝国海軍ウラジオストック艦隊の巡洋艦で、「リューリク」の場合、全長一二六メートル、幅二〇メートル、一一九六〇排水トンで、二本の煙突と三本のマストを備えていた。三隻はもっぱら通商破壊を目的としており、「常陸丸」は通商破壊の犠牲になったのである。

A　「上村中将は逃げたわけじゃない。智将といわれた参謀長の加藤友三郎少将、謀将といわれた参謀の佐藤鉄太郎中佐が付いており、必死に応戦しようとしたが、あいにく、霧が濃かったらしい。でも、世間はそうは思わなかった」

B　「家に石を投げ込まれたりしたんだから、そうなんだろうね」

A　「「濃霧濃霧と言えども、下から読めば無能なり」…なんて言われたりもした」

B　「でも、「常陸丸」を撃沈したにっくき三隻のうちの一隻、「リューリク」を打ち負かし、世間は拍手喝采、上村中将は英雄扱いとなった…」

A　「そんなもんよ、世間の評価なんて。上村中将にすれば汚名が雪がれたかもしれないけど、結局、海軍大将止まりだった」

B　「薩摩閥だったにもかかわらず…。でも、元帥になるには、最終階級が大将でなければだめだったのでは?それと、一説には、剛情で荒々しい性格が災いしたとも」

A　「Bさん、くわしいね」

B　「たいしたことはないですよ。そういえば、「常陸丸殉難記念碑」がどこかに建っているって聞いたけど」

A　「靖国神社の境内、大鳥居から入ってすぐ右の木立のなかにあるよ」

AとBは意気投合し、しきりに杯を重ねる。そんなふたりを前に疎外感を感じ、いかにも不快そうに杯を煽るC。しかし、そんなCなどお構いなしにAとBはますます興にのり、陸軍大臣寺内正毅による

靖国神社の境内に建つ「常陸丸殉難記念碑」(東郷平八郎書、筆者撮影)

須知以下への叙勲の話に及ぶ。そのとき、Cがだしぬけに大きな声をあげ、ほくそ笑みながらA、Bの顔をのぞき込む。一様に驚くAとB。

C「そういえば…」

とつぜんのことに、A、Bは互いの顔を見つめ合う。

A「Cさん、急にどうしたの？何かあるの？」

C「別に…いや、あるといえばあるんだけど」

A「なんなの？もったいぶらないで早く話してよ」

AがCの杯に酒を注ぎたしながら、話を催促する。しかし、あまり期待している風ではない。

C「「常陸丸」の事件で、興味深い人物のことを思いだしたよ」

A・B「だれ？有名な人？」

C「まあ、普通知らないだろうね。山縣俊信という人なんだけど」

A・C「ヤマガタトシノブ？？？」

C「知らないでしょっ。では、教えてあげようかな」

Cが、A、Bに酒を注ぐよう催促する。形勢逆転の感あり。Cは嬉々として言を継ぐ。彼の話はこうだ。山縣俊信は、悲運の「常陸丸」に乗船する第一大隊長だった。かつて日清戦争（一八九四〜九五）の戦場にあったとき、大本営野戦衛生長官の石黒忠悳《ただのり》から、明治天皇が自分（山縣）のことをご記憶されている旨の文を受け取った。山縣の名前が出た際、陛下から「あの十年役の山縣か」とご下問があったというのである。十年役とは、言うまでもなく、一八七七（明治一〇）年の西南戦争のことである。十年役の勲功行賞において、陛下は大尉であった山縣が勲四等に列せられたことを記憶していた。尉官であれば最高勲五等、佐官の場合は最高勲三等となっており、大尉が勲四等を授与されたのが異例だったからかもしれない。しかし、事実がどうあれ、山縣は感動を抑えきれず、「一八年の久しきに及んで、賊名（＝わたしの名）を至尊の御記憶に留めさせ給ふとは、実に何とも申しやうなき光栄の至りで、感激に身も戦《おのの》く心地が致します」、「この君恩に対する御報効は必ず私一生の内に致す覚悟であります」と、石黒への返状に認めた。そして、彼は、そのとおり陛下に身命を捧げた。

C　「山縣が「常陸丸」と運命を共にしたのは彼の本望だったと思うんだ。それこそ、君恩に対する御報効だった…」

A、B、C三人による酔人歴史談義はその後も続き、新橋の街は昼間の暑気を孕んだまま現在、未来へと時を刻んでいく。

【参考文献】

松本健一『明治天皇という人』新潮社（二〇一四年）
松下芳男「乃木希典と上村彦之丞」（文藝春秋編『文藝春秋にみる「坂の上の雲」とその時代』文藝春秋（二〇〇九年））
三輪祐児『海の墓標―戦時下に喪われた日本の商船』展望社（二〇〇七年）

横須賀製鉄所物語

日露戦争の勝利に酔う一九〇五年一〇月、麹町の東郷平八郎元帥邸。

「今回の救国の真の英雄は、わたしではなくあなたのお父上です」

五分刈りの頭と髭に白いものが見える元帥は、目の前に座る三人の男女に頭を下げた。そして、「お父上は、決して逆賊などではありません」と、言を継いだ。

「そのお言葉を聞くことができ、天国の父、逆賊の汚名のうちに死んだ母もきっと喜んでいるに違いありません…」

三人のひとり、頬に涙が伝う齢四〇前後と思しき女性、名を小栗国子といった。

「国子殿、それにご主人、ご子息の又一殿。小栗上野介殿の先見の明が、われわれを勝利へと導いてくださった。横須賀海軍工廠がなかったならば、わが聯合艦隊はいまごろどうなっていたことか…」

小栗上野介忠順《ただまさ》（一八二七〜六八）は幕末期の幕臣で、江戸町奉行、勘定奉行、外国奉行などを歴任した。一八六〇年、日米修好通商条約批准のために渡米する新見豊前守正興を正使とする使節団に監察としてつき従い、ワシントンにおいて通貨交換比率についての交渉をまとめあげ、その後一行とともに世界一周を果たした能吏である。しかし、その性格は好戦的で、自分の主張は決して曲げず、上司とぶつかることもしばしばだった。戊辰戦争が始まると徹底抗戦を主張し、それがもとでお役御免となり、上野国群馬郡権田村（現在の高崎市倉渕町）の領地で余生を過ごすことを決めた。しかし、その豊富な経験、知見と能力を危険と感じた官軍の手によって「罪なくして斬ら」れ、非業の最期をとげた。

東郷が「横須賀海軍工廠がなかったならば…」というのは、日露戦争における露バルチック艦隊対東郷率いる聯合艦隊の海戦、世にいう「日本海海戦」—海外では「対馬海戦」と呼ばれている—でのこと。長い航海でドック入りすらできない敵艦隊に対し、聯合艦隊は横須賀の工廠で船底のフジツボなどを取り除き、徹底的に修繕された。その甲斐あって戦場でのスピードの差は歴然で、敵軍が壊滅的なダメージを受けたにもかかわらず、東郷艦隊は水雷艇三隻を失っただけだった―その三隻も敵艦の攻撃によるものではなかった―。

わが国における近代的な造船は外圧によるものだった。幕末の日本近海にはあまたの外国船が姿を見せるようになった―たとえば、一八三七年のモリソン号事件（異国船打払令によって、米国商船「モリソン号」が攻撃を受けた事件。同船には、漂流民の音吉ら七人の日本人が乗っていた）、一八四五年の米国捕鯨船「マンハッタン号」の来航（千葉館山から浦賀の海域に姿を見せた）、一八四六年には米国東インド艦隊の「コロンバス号」と「ビンセント号」が浦賀に、一八四九年には英国の艦船「マリナー号」も浦賀にその船影を現した（このとき、先の音吉が中国人に扮して乗船していた）―が、わが国に大きなインパクトをもって直接的な影響を与えたのはやはり一八五三年のペリー来航であった。外威に伍すべく海軍強化が叫ばれるなか、幕府はオランダから蒸気艦船二隻―「咸臨丸」と「朝陽丸」。「咸臨丸」は、一八六〇年、「ポーハタン号」の護衛艦として太平洋を渡ったことで知られる―を買い受けるとともに、一八五三年、水戸藩主徳川斉昭に命じて石川島に造船所を造らせ、西洋型帆船「旭日丸」を建造した。また、一八五四年には浦賀で「鳳凰丸」が竣工し、塩飽諸島の水主らが乗り込んで試運転を行い、ときの筆頭老中（阿部正弘）の高評価を得た。しかし、竣工したのは、いずれも帆船であった。「蒸気船を建造できないものか」との声が幕閣からあがり、一八五四年、長崎にて製鉄所の建設が着工された―計画全体が完成するのは一八六一年―。それとときを同じくして「江戸に近い地での建造が必要だ」との声があがり、それを強く主張したのが小栗だった。もちろん、幕府内外からいろいろな批判がでたが、そうした声に小栗は、「いずれ政権が代わっても〝土蔵付き売家〟となり得るほどの価値がある」と、頑として耳を貸そうとしなかった。小栗は製鉄所（造船所）建設を、かつて訪問した米国に頼ろうとした。しかし、その頃の米国は南北戦争の真っただ中で、そんな余裕などなかった。そうした折、友人の栗本鋤雲《じょうん》からフランスを紹介された。小栗も前々からフランスの修繕技術の高さは知っており、早速、同国公使のロッシュに面会を求めた。折よく、ロッシュも日本との良好な関係づくりを目論んでいた。利害は一致し、すぐさま、上海にいた技師、F・L・ヴェルニー（一八三七～一九〇八）に白羽の矢が立った。

ナポレオン三世に許可され、ヴェルニーが来日した。一八六五年一一月一五日、鍬入れ式。ヴェルニーらをフランス人技術者によって横須賀製鉄所の建設が着工された。彼らは「arsenal《アルスナル》」（海軍の造船施設）と呼んだが、幕府はそれを、造船だけに限らず国内における設備の近代化を進める便にしようと「製鉄所」と訳した―このことは、こののち国内第一号となる洋式灯台（観音埼灯台）の建設などで証明された。製鉄所内に開設された技術者養成学校から多くの技術者が巣立ち、メートル法や近代的簿記などが全国に広まっていった（たとえば、富岡製糸場が横須賀製鉄所に勤めていたフランス人技師によって設計され、同製鉄所で造られた耐火煉瓦が使用された）―。

一八六八年の「明日は江戸城総攻撃」という日、芝田町（現在の東京都港区三田）の薩摩藩蔵屋敷にて薩摩藩士と幕臣の会談が行われた。面々は、幕府側が勝海舟のほか、山岡鉄舟、大久保一蔵、薩摩藩側は大総督府参謀の西郷隆盛のほか、村田新八、桐野利秋らとされる。江戸を血の海にしてはいけない…江戸城総攻撃を中止させるべく、山岡は東奔西走した。その甲斐あって西郷は江戸城総攻撃の中止を決め、徳川家存続の条件として、①江戸城を明け渡すこと、②幕府の武装を解除し、すべての武器、軍艦を引き渡すこと―榎本武揚が「開陽丸」ほか幕府軍艦の一部引渡しを固辞したことはすでに触れた―、③朝廷・薩摩ゆかりの人物を助命すること、などを示した。

「西郷さん、じつはほかにもあるのよ。おどろくようなものが」

勝が頃合いを見はかり、目の前に座る巨眼の男を見据えた。江戸城の無血開城にさほど利がないと思っていた西郷は、「ほう、なんでごわそ。勝さんが言うからにはよほどのもんでごわんそな（よほどのものでしょうね）」と、おもわず巨躯をゆすった。

「横須賀の、大型の軍艦も入れるっていう製鉄所よ。江戸城なんぞよりはるかに値打ちがあるってもんだ」

勝は、してやったとばかり相手の顔をのぞき込んだ。

「横須賀の製鉄所…たしか、あいは爆破されたのとちがいもはんか」

西郷は首をひねりながら、勝に質した。

「たしかに爆破を命じられた。が、ある人物が偽ってそのままにしてあるのよ」

「ほう…。あの製鉄所は、たしか小栗殿でごわしたな。わが藩邸の焼き討ちを命じたあの小栗さんが…やっぱい、あんひとはすごかお人じゃった」

感心しきり、西郷の目に怒りが宿る風はない。

「その製鉄所を譲ってもいいと言っているのよ」

勝は、小栗に〝秘策〟を耳打ちされた日のことを思い起こしていた。ふたりは決してうまくいっていたわけではない。（ありがとよ、小栗殿）…勝は、心のうちでそうつぶやいた。

こうして、江戸城の無血開城と横須賀製鉄所の引渡しが決まった。製鉄所は、まさしく小栗の言う〝土蔵付き売家〟となった。

一八七一年、第一号船渠が完成し、「造船所」と改名された。翌年、海軍省の管理下に置かれ、一八七六年に国産第一号蒸気軍艦「清輝」が竣工した。全長五九メートル、八八二排水トン、四四三馬力のスクリュー二等砲艦である。一八七三年、浜離宮にて盛大な宴が催され、明治天皇からヴェルニーらに対しお褒めのお言葉があった。しかし、逆賊とされた小栗の名が出ることはなかった。

ヴェルニーは妻と日本で生まれた三人の子どもを伴い、故国に帰るべくフランス汽船「タナイス号」の船上の人となった。彼の胸中には、ともに製鉄所の建設にあたりもっとも信頼していた小栗の非業の死が重くのしかかっていた。

「アデュー、ムッシュ・プチマロン」

ヴェルニーは、船上で小さくつぶやいた。プチマロン（小さな栗）、言うまでもなく小栗のことである。

横須賀造船所は、そののち、一九〇三年に「横須賀海軍工廠」、太平洋戦争後は「米海軍横須賀基地」と改

旧横須賀製鉄所（現在の米海軍横須賀基地）を望む（筆者撮影）

小栗（左）とヴェルニー（右）の胸像（ヴェルニー公園、筆者撮影）

称された。

【参考文献】
大島昌宏『罪なくして斬らる―小栗上野介』新潮社（一九九四年）
『横須賀市博物館研究報告』第46号横須賀市自然・人文博物館（二〇〇二年）

第17話　丹後丸―船舶無線電信の嚆矢

無線電信の実験に成功したのは、イタリアのG・マルコーニ（一八七四〜一九三七）である。一八九五年、モールス符号―妻の死を知るのが遅れたことを悔いたS・F・モールス（一七九一〜一八七二）が開発―による約六キロメートルの無線電信に成功し、その後（一九〇一年）、イングランドとニューファンドランド間の二七〇〇キロメートルの無線電信に成功した。

何はともあれ、わが国における無線電信発祥の地とされる千葉県銚子市に行ってみることにした。が、それはゴールデンウィーク中の、渋滞覚悟の敢行だった。〝魚を見る、買う、食べる〟をテーマとする銚子のウオッセ21の駐車場にようやっと車を停め、徒歩で「無線通信発祥之地」の碑に向かった。

その碑は、夫婦鼻公園の横に突っ立つ銚子ポートタワーの駐車場の一角にぽつんと潜んでいるとのことだった。が、その所在がなかなかわからない。仕方なく駐車案内をしている女性にたずねると、彼女は親切にもその場所まで案内し、「ここですよ。ぜひ歴史を感じてくださいね」と笑みかけてくれた。

銚子を無線電信発祥の地と紹介したが、わが国で最初に無線電信を実験したのは帝国海軍である。一九〇三年、新たに開発した三六式無線電信機で船舶無線電信に成功―静岡県焼津市虚空蔵山山頂に「船舶無線電信発祥之地」碑がある―し、それは、日露戦争(日本海海戦)の勝利に大きく寄与した―第15話「信濃丸の回顧録」のなかで、信濃丸が露バルチック艦隊を発見しその報を無線で知らせた話を紹介した―。

一九〇八年五月一六日、民間利用目的で、銚子市

1940 年建立「無線電信発祥之地」（千葉県銚子市、筆者撮影（一部修正））

川口町に銚子無線電信局（コールサインＪＣＳ）が海岸局として開設された―銚子無線電信局とほぼ同時期、大瀬崎（長崎）、潮岬（和歌山）、角島（山口）、落石（北海道）に海岸局が設置され、「天洋丸」・「香港丸」・「日本丸」・「地洋丸」（以上東洋汽船所有）、「丹後丸」・「伊予丸」・「加賀丸」・「安岐丸」・「土佐丸」・「信濃丸」（以上日本郵船所有）に船舶局が置かれた。ちなみに、一九一五年まで船舶局は逓信省所属で、乗船する無線士は逓信官吏だった―。電柱は木柱を五本接合したもので、高さは約七〇メートルにも及び、そのあまりの威容ぶりに当時の銚子町民は大漁歌で大いに盛り上がったという。

　さっそく同日、「天洋丸」（コールサインＴＴＹ）に無線電信が試みられたが、無念にも失敗。同船が香港航路の船であり、太平洋を南下するため電波が房総半島の山々に妨害されたためだった。

　銚子無線電信局からの無線電信に成功するのは、「天洋丸」の失敗から一〇日ほど経った一七日のことだった。シアトル航路（香港・下関・神戸・横浜・（ホノルル）・シアトル）に就航する「丹後丸」（コールサインYTG）が横浜を出て房総半島野島崎の沖合いを航行中、その歴史的瞬間は訪れた。「丹後丸」の米村嘉一郎無線電信局長はおもわず「神よ！」と叫び、報知新聞社に宛てて「ニジヨコハマシッパン（二時横浜出帆）イマチョウシヨリセイナン六六カイリニアリ（いま銚子より西南六六海里にあり）ハジメテムセンツウシンヲヒラク（初めて無線通信を開く）カンドウヨシ（感動よし）」と打電した。最後の「カンドウヨシ」の解釈については、ほかに「感度よし」という説明もなされている。文献資料の現物（写し）をみると読みにくいながらも「カンドウ」となっており、また、歴史的な瞬間に立ち会った心境からは「感動」という表現がふさわしく、そうであれば「カンドウセシ」と読めなくもない。いずれにせよ、船舶局の無線士、海岸局の無線士（橋本忠三局長、小見川通信士）共によほどうれしかったのであろう、「丹後丸」が通信可能範囲である一五〇海里（約二八〇キロメートル）の外に出る翌朝九時まで、両局の間で三〇あまりの送受信がなされた。

　当時の銚子無線電信局の無線電信は「低周波火花

わが国の民間船で無線電信をはじめて送受信した丹後丸
（日本郵船歴史博物館所蔵）

式」と呼ばれるもので、発信する際の音と光がすさまじかったという。かつて銚子無線電信局の無線通信士だった菊沢長氏によれば、同局はそののち四つの時代を経ることになる。すなわち、創業期（一九〇八〜一八）、向上期（一九一九〜四五）、全盛期（一九四六〜八二）、そして退潮期（一九八二〜九六）である。創業期は年間二万通に満たないながらも無線電報の取り扱いと気象情報や船舶航行警報などの電報業務を開始した時期、向上期は真空管を使用した送受信機の設置、送受信所の分離―銚子市小畑新町に受信所（一九二九年）、銚子市野尻町に送信所（一九三九年）を設置―、短波での運用開始など海岸局の機能が向上した時期、全盛期はわが国の高度経済成長下年間一〇〇万通を超える取り扱いを記録した時期―一九七〇年には年間一三二・四万通を記録するなど、「世界の銚子無線」の地位を確立―、そして、退潮期は一九八二年のインマルサット（INMARSAT（国際海事衛星））のサービス開始によってモールス符号による無線電信を主とする船（モールス船）が減り続け、設備縮小を繰り返しながら閉局―一九九六年三月三一日。長崎（JOS）に集約されるも、一九九九年一月三一日にその長崎も閉局され、外航商船におけるモールス通信は終焉を迎えた―へと向かう時期である。

一九五六年一一月八日に南極観測船「宗谷」で出発した第一次南極観測隊が、翌年一月二九日、南極オングル島に上陸し、拠点を昭和基地と命名した。二月一四日、同隊は一一人からなる第一次越冬隊（西堀榮三郎隊長（兼観測隊副隊長）。西堀隊長は一九一二年一月一六日に「開南丸」で南極に上陸した白瀬矗に刺激され、南極を夢みた（拙著『波濤列伝』「南極に挑んだ住職の息子―白瀬南極探検隊」参照））を組成した。長いこと家族と離れ食糧まで心細くなった越冬隊員たちにとって、家族と交信できる無線電信だけが楽しみだった。しかし、無線電報の費用は滅法高く、頻繁に、また長い文章というわけにはいかなかった。そうした状況下の一九五八年正月、隊員たちが家族からの電報を順々に読み上げるなか、ひとりの隊員（機械技術士）が受け取った電報をなかなか読もうとしない。しかし、他の隊員たちに促され、彼はしぶしぶその電報を読み上げる。「アナタ」…その男の口から発せられたのは、このたった三文字だった。留守を預かる妻がみずからの手で打電した、愛に満ちた言葉だった。おそらくそれは、世界でもっとも短い恋文だった。隊員たちはその愛の深さに心打たれ、継いで出る言葉が見つからなかった。

ところで、南極観測隊が先の越冬隊を残して帰国する途次のことだが、彼らを乗せた「宗谷」が分厚い氷に行く手を阻まれ二進も三進もいかなくなり、ソ連（現在のロシア）の砕氷船「オビ号」に助けられるという事件があった。一九五七年二月二八日のことである。ソ連の助力で窮地を脱した「宗谷」は、四月二四日、大勢の人が出迎えるなか無事日の出桟橋に接岸した。忘れてはならない事件のひとつといっていい。

さて、航行の安全を守り、難に遭った船舶を救い、ときに遠く離れた地にまで情を運んでくれた無線電信も、インマルサットの登場には抗えなかった。海上においてＧＭＤＳＳ（Global Maritime Distress and Safety System）が利用されるようになり、モールス信号の活躍する余地はなくなってしまったのである。しかしこの間、船舶の安全航行と迅速な救難のために銚子無線電信局の存続を訴え、巨象ＮＴＴ（日本電信電話）と闘った人たちがいたことは記憶にとどめておきたい——このあたりは、先の菊沢長氏の著書『電鍵砦の一矢』のなかで詳しく解説されている——。

【参考文献】
菊沢長『電鍵砦の一矢—ＮＴＴに立ち向かった無線通信士たち』一葉社（二〇一三年）
菊沢長「ＪＣＳ銚子無線局88年の足跡」ＲＦワールドNo.29
松田裕之『明治電信電話《テレコム》ものがたり—情報通信社会の「原風景」』日本経済評論社（二〇〇一年）
藤井信幸『テレコムの経済史—近代日本の電信・電話』勁草書房（一九九八年）
伊藤明己『メディアとコミュニケーションの文化史』世界思想社（二〇一四年）

第18話 博愛丸の流転

「洋上の天使」の悲しい最期

テレビドラマ「海の上の診療所」（フジテレビ系列で二〇一三年一〇～一二月放映）を楽しく視聴させてもらったが、そこに登場した「海診丸」は実在する「済生丸」をモデルにしているという。「済生丸」は社会福祉法人恩賜財団済生会が所有、運営するわが国唯一の海をわたる病院船で、医療施設に恵まれない瀬戸内海の島々を巡回診療している。病院船は文字どおり洋上に浮ぶ病院であり、かつて戦時にあっては傷病兵を収容し、手当てをしながら帰国の途についた。そのため、〃患者輸送船〃などとも呼ばれた。

病院船といえば、やはり、「博愛丸」を忘れるわけにはいかない。日本赤十字社（日赤）が管理していた病院船で、一八九八年一二月、スコットランドのロブニッツ造船所で竣工した―姉妹船に「弘済丸」がある―。全長約九五メートル、幅約一一・九メートル、二六四〇総トンの、欧米列強でさえ持つことの難しかった当時最新鋭の船だった。当初は日赤が建造するとしながら資金難から日本郵船に二〇年年賦、無利息という条件で売却され、その結果、「平時は旅客船、いざ戦争となれば日赤の病院船」というスタイルができあがった。命名者は昭憲皇后とされるが、正式な記録はない。まさに「洋上の天使」であり、診療室、手術室が完備され、入院することもできた。甲板は娯楽の場でもあり、リハビリにも供された。

ところで、この病院船「博愛丸」が造られた背景は何だったのか。そのことを理解するには、日赤、さらには、その源流とも言うべき国際赤十字のことを語るところから始めなければならない。

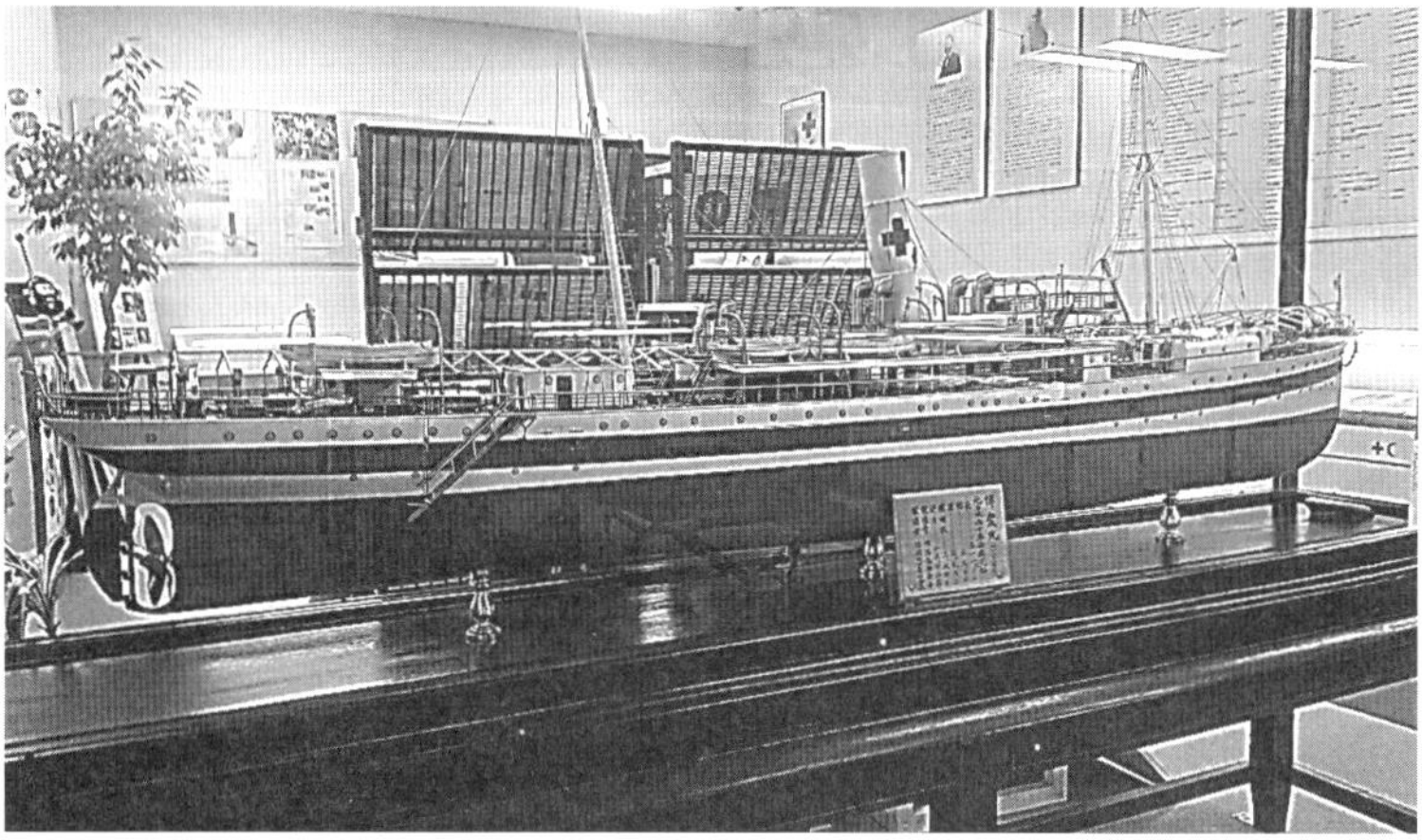

「博愛丸」1/48の模型（日本赤十字社赤十字情報プラザ）（筆者撮影）

「文明開化」といえば法律を整備し、器械を精巧なものにすることと考える風潮のなか、「真正の文明は道徳的行動の進歩と相伴わざるべからず」と主張する人物がいた。元佐賀藩士で、元老院議官も務めた佐野常民《つねたみ》（一八二二〜一九〇二、伯爵）である。初代燈台頭として、洋式灯台の建設にあたった人物でもある。一八六七年に開催されたパリ万国博覧会に参加し―一八七三年のウィーン万博にも派遣されており、「博覧会男」の異名もある―、その万博会場で国際赤十字の組織と活動を見聞した。親戚筋にあたる藩医、佐野家の養子となり、佐賀藩主、鍋島直正公―〝蘭癖大名〟と揶揄されるほど蘭学に熱心だった。号は閑叟《かんそう》―の近代的思考の影響をうけていた佐野は、大きな衝撃をうけた。

佐野に多大な影響を与えた国際赤十字。「赤十字の父」と呼ばれているスイス人実業家アンリ・デュナン（一八二八〜一九一〇、第一号のノーベル平和賞受賞者）の働きかけで、一八六三年、「五人委員会」が誕生した。一八六四年に欧州一六ヶ国の外交会議でジュネーブ条約が調印され、一八七六年、先の五人委員会が「赤十字国際委員会」と改称された。佐野は草創期の赤十字活動を目の当たりにし、一八七七年の西南戦争が彼にひとつのきっかけをあたえた。戦況が激しくなるなか、敵味方なく負傷した将兵を看護するという赤十字の理念が佐野の頭をよぎったのである。真の文明開化のため、佐野は大《お》給《ぎゅう》恒《ゆづる》とともに立ち上がった。しかし、敵味方なく救護するという思想は、当時なかなか理解されなかった。それでも、佐野はあきらめなかった。やっとのことで、「博愛社」の設立が認可された―「博愛社創設許可の図」に、征討総督の有栖川宮熾仁親王に深々と礼をする佐野の姿が描かれている―。赤十字社とせず博愛社としたのは、その当時、わが国がジュネーブ条約に加入していなかったからである―耶蘇教（キリスト教）の団体と間違われないようにするためという説もある―。わが国がジュネーブ条約に加盟するやその翌年（一八八六年）、博愛社は「日本赤十字社」と改称された。前に紹介した「エルトゥールル号」の遭難（一八九〇年）では、神戸に到着したトルコ水兵の治療のため、日赤は医師や看護婦を派遣した。ちなみに、このとき、若い医師が自分の無能を嘆き自殺（未遂）を図っている（日赤赤十字情報プラザの横山瑞史氏談）。

　わが国における近代的な博愛精神は、ようやくその端緒についた。そして、博愛社の「敵人ノ傷者ト雖《いえど》モ救ヒ得ヘキ者ハ之ヲ収ムヘシ」という崇高な思想、その精神を継承し建造されたのが「博愛丸」（および「弘済丸」）である。一九〇〇年の北清事変（義和団事件）から投入され、陸軍（海軍も）の病院船とともに日露戦争、第一次世界大戦において多くの人道の航跡を残し、世界から称賛された。しかし、そんな洋上の天使にも、ひとしく〝老い〟がやってくる。くわえて、戦線の拡大にともなう大型病院船への需要の高まりもあり、「博愛丸」はついに病院船としての役目を終えるときを迎えた。

　一九二六年、中古船として林兼商店に売却され、かつての洋上の天使は無残にも北洋の荒海に浮沈する蟹工船に改造され、負傷兵をすくうのではなく、カムチャッカ沖のタラバ蟹をすくうことになった。蟹はすぐに傷むため缶詰めにする。そのための工夫もなされ、タラバ蟹の缶詰は売れに売れた。海外にも輸出されるようになり、外貨を獲得する重要な産業になった。北方四島や根室地方には多くの缶詰工場が建設され、多くの女工が作業に従事した。拙著『波濤列伝』でも紹介したが、根室で知った「根室女工節」の哀切感あふれる調べがいまも耳朶に触れる—歌詞には、「女工、女工とみさげるな／女工のつめたる缶詰は／横浜検査で合格し／アラ女工さんの手柄は外国までも（以下省略）」とある—。どうせ缶詰にするなら船のうえで加工した方がいいということになり、そこで登場したのが蟹工船だった。農商務省水産講習所の練習船「雲鷹《うんよう》丸」—わが国初の米国式鋼製捕鯨船として一九〇九年に建造されたバーク型帆船で、一九一六年、蟹工船に改造された。現在、東京海洋大学品川キャンパスに復元保存され、国の有形文化財に登録されている—が嚆矢《こうし》とされるが、「博愛丸」もその仲間となったのである—「弘済丸」も蟹工船に改造され、「美福丸」と改称された—。

　多くの蟹工船が、先を争うように漁に出た。漁夫、雑夫の多くは貧しい人々だった。そして、事件は起こるべくして起った。いわゆる、「博愛丸虐待事件」である。それは、〝鬼金〟と呼ばれた監督の阿部金之助ら、「博愛丸」の幹部による集団リンチ事件だった。病気の雑夫を仮病と断じ、見せしめにウィンチで吊るした。四日間も食事を与えられない雑夫もいた。「せめて最後に水を…」と声をしぼり出し、代わりにもらった煙草をくゆらせながら息を引き取った者もいた。鬼金の恩人だった。

　一九二六年九月七日付「函館日日新聞」が、「漁夫を起重機で捲き上げたり火刑にしたり俄然暴行事件発覚した蟹工船の博愛丸」と報じた。また、同月九日付「小樽新聞」は、「蟹工船博愛丸の虐待事件この世ながらの生地獄ウィンチに雑夫を吊し上げて嘲笑ふ鬼畜にひとしき監督…」と活字をおどらせた。「博愛丸」は「第二の監獄部屋」、「海のタコ部屋」などと一斉に報じられ、作家、小林多喜二は、そのあたりことを小説『蟹工船』に書いた。洋上の天使の末路としてはあまりにも悲しい。せめてもの救いは、監督ら幹部が世間のきびしい批判にさらされ、

「監禁及傷害並に暴行罪」の刑に服したことである。

事件ののち何度か所有者がかわり、一九四五年六月一八日、軍需品と人員を載せてオホーツク海を航行中に米国の潜水艦に雷撃され、老躯「博愛丸」は海の藻屑と消えた。そこは、かつて蟹工船として何度も行き来した、懐かしくも胸締めつけられる海だった。

【参考文献】

三輪祐児『海の墓標―戦時下に喪われた日本の商船』展望社（二〇〇七年）

日本赤十字社『赤十字のしくみと活動―平成二六年度版』

『西南戦争と博愛社創設秘話―日本赤十字社発祥物語』日本赤十字社熊本県支部（二〇一〇年）

吉川龍子『日赤の創始者佐野常民』吉川弘文館（二〇〇一年）

草間秀三郎『ああ、博愛丸―赤十字病院船の最期』日本図書刊行会（二〇一三年）

第19話

第6号潜水艇の遭難

全員が職分を守り、息絶えた…

二〇一五年一二月初旬、わたしは広島県江田島市にある海上自衛隊（海自）第一術科学校の校長室にいた。

「教育参考館に行ったら、三人のことをとくに気にかけてほしい」

学校長の淵之上英寿海将補（当時）はそう言うと、東郷平八郎元帥（一八四八～一九三四）、広瀬武夫中佐（一八六八～一九〇四）、そして佐久間勉艇長の名をあげられた。東郷元帥、広瀬中佐、佐久間艇長…東郷元帥、広瀬中佐のことは知っていた。しかし、佐久間艇長のことは、夏目漱石が一九一〇年七月一九日付東京朝日新聞文芸欄で「文藝とヒロイック」と題し取り上げたほどの人物だというのだが、正直、そのときは知らなかった。

「失敗を真摯に認めつぎに活かそうとした東郷元帥、商船を用いた旅順港封鎖作戦遂行中、敵の砲弾を浴び離船しなければならない状況下、船内からいなくなった部下を船が沈没する直前まで探し回り戦死した広瀬中佐、そして、沈没しかけた潜水艇を浮上させるため必死の作業を行い、それぞれの乗組員が命尽きるまで持ち場を守るという帝国海軍の規律の高さを世界に示した佐久間勉、この三人のことはぜひとも多くの人に知ってもらいたいものです」

そう語る学校長の声は、心なしか震えていた。

学校長に見送られ、歴史をその躯体に背負った校舎を後にした。戦後米軍に接収され、一九五六年になってようよう解放された旧海軍兵学校跡地。その地はいまや海自関連の学校群となり、瀬戸内の風のなかで歴史浪漫を漂わせている。

第一術科学校副校長の竹内修一等海佐（当時）に

卒業式などが挙行される重厚な講堂を、幹部候補生学校副校長の宅間秀記一等海佐（当時）には旧海軍兵学校のレンガ造りの校舎（現在は、幹部候補生学校）のなかをそれぞれ案内していただいた。グラウンドでは学生らが体力測定に励み、その先に目をやると、標高三九四メートルの古鷹山がそびえる。「広瀬中佐は、学生時代、あの山に一〇〇回以上登ったと言われています」と、宅間副校長が教えてくれた。学生たちは、この古鷹山や厳島（安芸の宮島）の弥《み》山《せん》登山で鍛えられるという。弥山山頂にはわたしも登ってみたが、なかなか峻厳な道のりである。わたしの場合、ロープウェーの山頂駅から三〇分ほど歩いたに過ぎない。

一通りの視察を終え、いよいよ教育参考館に向かった。過去、何度か訪ねたことはあるが、このときばかりは心して館内を巡ろうと思った。行かれた方はお分かりだろうが、教育参考館は冷厳とした空気に満ちた建物である。正面階段の赤じゅうたんを行くと東郷元帥が迎えてくれる。館内は時空を超えた趣があり、そのなかを万感込めて歩をすすめる。壁にかかった書をみてそのあまりの達筆さに驚嘆し、おびただしい数の遺品を目にしては胸を詰まらせる。特攻隊の残した手紙などは、見るだけで涙腺がゆるんでしまう。実際、「（前略）桜の咲くころ、ぜひ靖国神社に来てください」と母親にあてた手紙に、おもわず涙がこぼれてしまった。

さて、佐久間艇長のことである。一九一〇年四月一五日、佐久間艇長以下ベテラン乗組員一四名が乗り込んだ「第6号潜水艇」が山口県新湊沖で訓練中に沈没し、全員が犠牲となった。同潜水艇の場合、

佐久間勉（第一術科学校写真提供）

海中では蓄電池モーター航行となり、航海距離が一〇分の一ほどになる。そのため、「半潜航」と呼ばれる浅い深度での潜航を行うのだが、事故はその訓練中に起こった。

当時の日本帝国海軍は潜水艇—一九一九年までは、潜水艦ではなく潜水艇と呼ばれていた—を九隻所有しており、うち七隻が米英製、当の「第6号潜水艇」は国産初の潜水艇だった。米国のエレクトリック・ボート社が設計したホーランド型潜水艇—ホーランドはアイルランド人ジョン・フィリップ・ホーランドのことで、「近代潜水艇の父」とされている人物—で、一九〇六年、川崎造船所神戸工場で竣工した。一〇三排水トン、全長二二・三八メートル、幅は速度をあげるため通常の三分の二に抑えられていた。潜水艇としての性能はひどいもので、〝ドン亀〟などと呼ばれた。

潜航を始めるや、通風筒から海水が入り込んできた。佐久間はスルイス・バルブを閉じるよう指示した。ところが、不運にもチェーンが外れ、手で締めようとしたがときすでに遅し。配電盤がショートし、艇内は真っ暗になった。絶縁体のゴムが焼ける悪臭が艇内中にたちこめ、呼吸が思うようにいかない。想像を絶する最悪の状況下、「第6号潜水艇」は一五・八メートルほど沈み、二五度の角度で後部から着底した。すぐさまメインタンクの排水を試みたが、一向に浮上しない。

「もはや、これまでか」

刻々と息が苦しくなる。かすかな光のもと、佐久間は、最後の任務として黒表紙の手帳に鉛筆で遺書を書き記した。一頁に三ないし五行、その頁数は三九にも及んだ。

事故から二日経った一七日、「第6号潜水艇」は引き揚げられ、ハッチが開口された。そのとき、遺族は、同艇から遠く離された。非情、薄情との非難もあったが、それは上官の優しい心遣いだった。その当時、欧米においても同様の事故が発生しており、たとえば、一九〇四年に英国で一一名、翌年、同じく英国で一五名、フランスで一五名が殉職した。そして、いずれの事故においても、われ先に！と出口に殺到し、殴り合う格好で息絶えていた。そうした

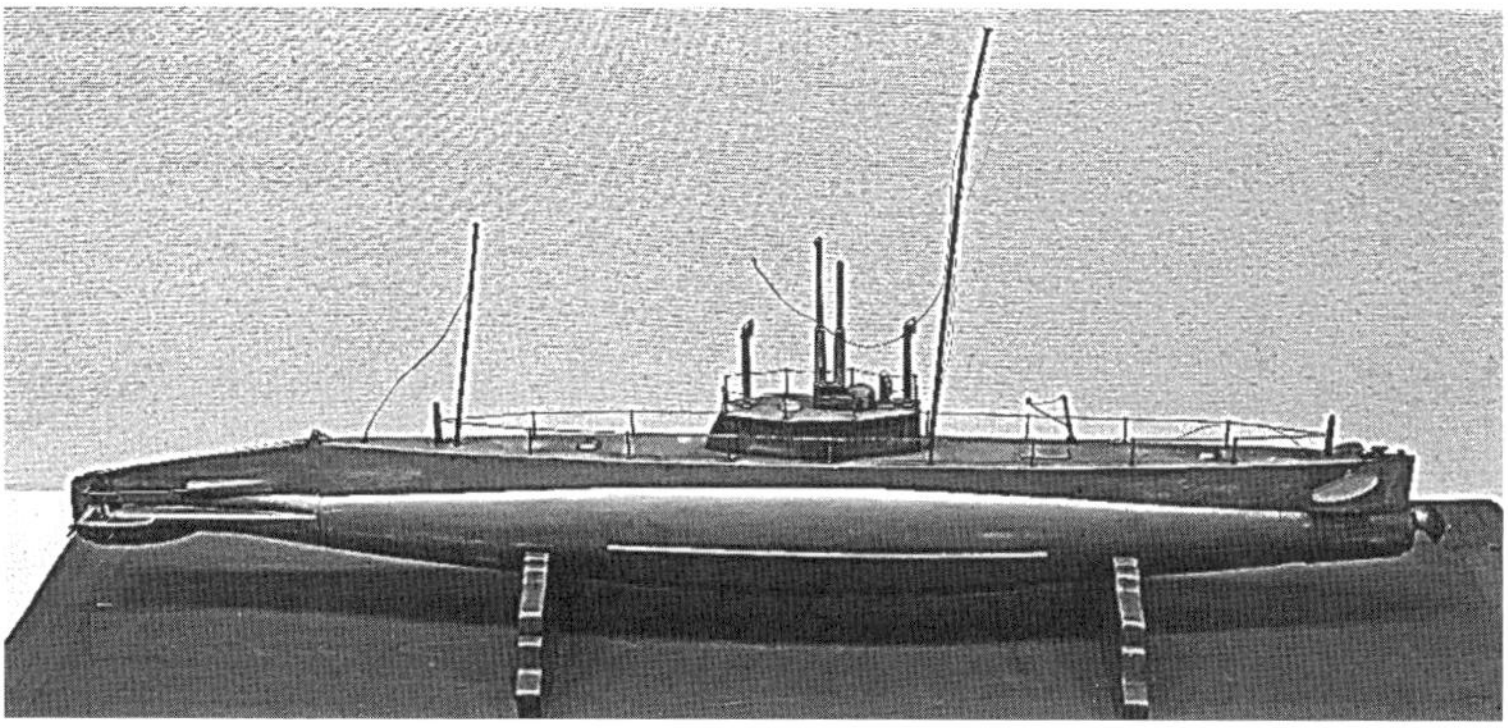

「第6号潜水艇」模型（第一術科学校写真提供）

陰惨な光景を遺族に見せたくない、上官らはそう考えたのである。しかし、それは、上官の杞憂に過ぎなかった。ハッチを開けて見えてきたのは、生き地獄のなか持ち場を離れず、死のぎりぎりまで懸命に生きようとした乗組員の最期姿だった。職分を全うし息絶えた様を目の当たりにし、その場に居合わせた関係者は一様におどろき、嗚咽した。

このニュースは瞬く間に世界中に発信され、大きな感動の渦をもって迎えられた。しかし、感動を呼んだのはそれだけではなかった。佐久間艇長の胸ポケットから先の手帳が見つかり、そこには、三一年七ヶ月を生きた男のすさまじいまでの生き様が詰まっていた。

佐久間勉、身長一六〇センチメートル体重五五キログラムのがっちりとした体躯だった。一八七九年九月一三日、福井県三方郡の神官の子として呱々の声をあげた。一九〇一年一二月に海軍兵学校を卒業すると翌々年一月に海軍少尉となり、海軍中尉として日露戦争に従軍。一九〇六年九月、海軍大尉。一九〇八年八月、糟谷次子と結婚し、翌年には長女が生まれた。同年一二月七日、「第6号潜水艇」艇長を拝命。

海底の　水の明かりに　したためし
永き別れの　ますら男の文

歌人、与謝野晶子にそう詠ませた遺書は、沈没原因の分析に始まり、部下の家族を気遣う温情に溢れる「公遺書」を含んでいた。

小官の不注意により陛下の艇を沈め部下を殺す、誠に申訳無し、されど艇員一同、死に至るまで皆よくその職を守り沈着に事を處せり、我れ等は国家の為職に斃れしと雖も唯々遺憾とする所は天下の士は之を誤り以て将来潜水艇の発展に打撃を与ふるに至らざるやを憂ふるにあり、希くは諸君益々勉励以て此の誤解なく将来潜水艇の発展研究に全力を尽くされん事を、さすれば我れ等一も遺憾とする所なし。
謹んで陛下に曰す、我部下の遺族をして窮するもの無からしめ給わらん事を、我が念頭に懸るもの之れあるのみ、左の諸君に宜敷、1．斎藤大臣…（気圧高まり鼓まくを破らるゝ如き感あり）…十二時三十分呼吸非常にくるしい瓦素林《ガソリン》をブローアウトせしし積りなれども、ガソリンにようた《（ママ）》十二時四十分なり（筆者がカタカナ部分をひらがなに変換）

これほど長い文章を、しかもこれほどの内容を、かかる極限の状況下はたして書けるものだろうか（いや、できまい）。幼少期から文章を書く訓練に明け暮れたという佐久間であればこそできた、そうとしか言いようがない。

「第6号潜水艇」の遭難事故は佐久間の安全面への配慮不足が招いた、という側面はあるかもしれない。しかし、彼の示した日本帝国海軍軍人としての矜持とその行動は、そうした負の部分を補って余りある。「佐久間艇長頌歌」（作詞者・作曲者不詳）なる歌が、わたしたちに佐久間の生き様（死に様）を余すところなく伝えてくれる。

花は散りても香を残し　人は死んでも名を残す

あっぱれ佐久間艇長は　日本男児の好亀鑑
艇長遺書して我が部下の　遺族に雨露の君恩を
乞い奉る一筆に　感泣せざる人やある

【参考文献】
足立倫行『死生天命―佐久間艇長の遺書』ウェッジ（二〇一一年）
保田耕志『花の佐久間艇長』原書房（一九八〇年）
TBSブリタニカ編集部編『佐久間艇長の遺書』TBSブリタニカ（二〇〇一年）

第20話

「桜咲く国」の船団
ポーランド孤児を運んだ人道の船たち

病院船「博愛丸」の取材で日本赤十字社（日赤）を訪問した際、同社情報プラザの横山瑞史さんから、「船といえば、日赤が関係したポーランド孤児の話があります」とご教示いただいた。

その話について、わたしは何も知らなかった。ショパン、コペルニクス、キュリー夫人…ポーランドについてさえ、知識は覚束なかったといったほうがいいかもしれない。欧州のほぼ中央に位置するこの国は過去何度も領土を分割され、亡国を繰り返す不遇のなかで、自由を尊び、誇りを捨てなかった。元ポーランド大使の兵藤長雄氏によれば、ポーランドの人々は日本に特別な好意を持っているという。その背景には憎きロシアを撃破したこと（日露戦争）があるのは間違いないが、どうやらそれ以上に、かつての日本が示した、ある歴史的な〝善意〟があるとのこと。その善意とは…。

ロシア革命（一九一七年）の混乱の続くなか、流刑になった多くのポーランド人がシベリアに逃げ込んだ。政治犯とその家族が大半で、その数は一五万〜二〇万人にも及んだという。彼らは一様に苦境に陥った。食料も薬もなく、極寒の地をさまようなか多くの者が餓死、あるいは病に斃れていった。自分は食べず、わが子に食事を与えながら死んでいく母親。その母の胸で、ついには息絶える子供たち…。せめて親を失った孤児だけでも助けねば、と、ウラジオストック在住のポーランド人が「ポーランド救済委員会」を立ち上げ、さっそく、シベリアに出兵（一九一八年からのシベリア出兵）していた欧米諸国に救済を懇請した。しかし、各国ともすでにシベリアからの撤退を決め、それに伴って各赤十字社も帰国することになっているため協力はできない、と拒絶された。最後の頼みの綱として、彼らは日本に頼った。

一九二〇年六月一八日、救済委員会のビエルケヴィッチ女史が単身来日し、外務省を訪ねた。日本側は、武者小路公共《むしゃのこうじきんとも》（作家、武者小路実篤《さねあつ》の実兄）が応対した。

「もはや、貴国しかないのです」

ビエルケヴィッチ会長の説明に、日本政府は愕然とした。ポーランドとは一九一九年三月に国交を樹立したばかりで、親身になって相談に応じなければならないという関係にない。しかし、だからと言って、人道上からは看過できない。検討した結果、日本政府は協力すると応えた。しかし、それには大きな問題があった。シベリア出兵で、十分な予算がなかったのだ。やむなく、政府は日赤に支援を要請した。

仔細を聞いた日赤はすぐさま断を下し、ウラジオストックから敦賀港までの移送は陸軍の輸送船で行うことで話をつけた。その知らせに、ビエルケヴィッチは飛び上がってよろこんだ。（すぐにでもあの子たちのもとへ）…彼女の脳裏にウラジオストックで待つ孤児たちの顔が浮かんだ。

「やったぁ、桜の咲く国、日本に行けるんだ！」

ビエルケヴィッチが朗報を持ち帰ると、どこからともなく子供たちの大きな歓声があがった。（みんな、よかったね。ありがとう、日本）…彼女の瞳が涙でうるんだ。

七月二〇日、陸軍輸送船「筑前丸」（二四四八総トン）でウラジオストック港を発ち、二二日早朝、日赤の社員三人が出迎えるなか、第一陣が敦賀港に入った。孤児の数、五七人。一二、一三歳の子が大半だったが、なかには五歳に満たない幼児もいた。わずかばかりのパンやソーセージを握りしめる子供たちを敦賀の人たちは不憫に思い、東京に向かう列車に乗るまでの短い時間だったが、精一杯心を尽くした。子供たちははじめて触れる人の情に癒され、気比の松原などの景色に明日への希望をいだいた。

そののちも、「台北丸」（二四六九総トン）、「明石丸」（三二二七総トン）などが孤児たちの移送にあたった。孤児、三七五人（男子二〇五人、女子一七〇人）が、無事、東京府下豊多摩郡渋谷町（現在の東京都渋谷区広尾四丁目）の「福田《ふくでん》会育児所」に収容された。福田会は日赤本社病院に隣接し、環境的にも子供たちの収容に適していた。多くの義援金が寄せられ、日赤は衣服などを新調して子供たちに与えた。日赤の看護婦たちは病気の子の頭をなで、手にキスをした。侯爵夫人、子爵夫人を中心とする婦人会のほか、各種団体の重役、ひいては芸妓までもが次々と慰問に訪れ、玩具やお菓子を配り、優しく声をかけた。また、動物園や博物館の見学、日光への一泊旅行などが企画され、孤児たちは夢のような日々を過ごした。

最初こそ栄養失調で痩せこけていたが、日を追って元気を取り戻していった。そんななか、何人かの子供が腸チフスに感染した。医師や看護婦の必死の看護の甲斐あってどうにか快癒したが、日赤の看護婦、松澤フミさんが同病に感染し不帰の人となった。二三歳という若さだった。そのことを知った子供たちは号泣した。彼女が死んだことを知らない子供は彼女の名を呼び続け、そこに居合わせた人々の涙を誘った。のちに彼女は、ポーランド政府から赤十字賞（一九二一年）、名誉賞（一九二九年）が贈られた。

一九二〇年九月二八日、多くの人々が見送るなか、子供たちは横浜の埠頭から船に乗り込んだ。

「日本に残りたい」
「日本に住みたい」

子供たちは涙をぼろぼろこぼし、もうどこにも行きたくないと叫んだ。そして、万感込めて「君が代」を合唱し、両国の国旗を振り続けた。「アリガト」、「サヨナラ」……。日本郵船の三隻の船、「伏見丸」（一万九四〇総トン）、「香取丸」（一万五一三総トン）、「諏訪丸」（一万一七五八総トン）が、シアトルへと幾筋もの涙の糸を引く。米国大陸を横断したのち未だ見ぬ故国へ…惜別の霧笛が、いつまでも洋上に響いた。

一九二二年八月、第二陣となる孤児、三九〇人の移送があわせて三回行われ、今度は大阪が受け入れた。大阪のもてなしも心のこもった、みごとなものだった。とくによろこばれたのが天王寺動物園で、子供たちは動物を前に大いにはしゃぎ、覚えたばかりの日本語で「アリガト」を連呼した。

八月二五日、「香取丸」、九月六日、「熱田丸」(八五二三総トン)で、子供たちはそれぞれ神戸をあとにした。離れゆく船上から子供たちが歌う「君が代」に、埠頭で見送る人々はいつまでも聞き入った。

香港、シンガポール、コロンボ、ポートサイド、マルセイユ、リスボン、ロンドン、そして、いよいよ夢にまでみた祖国ポーランド…子供たちの夢は膨らみ、ようよう故国の地を踏むことができた。しかし、故国に帰った子供たちに身寄りはない。そんなとき、またしてもビエルケヴィッチ女史が動いた。彼女はバルト海に面した施設を譲り受け、子供たちをそこに住まわせたのである。やっとのことで安寧の地を得た子供たちは、母国語であるポーランド語を勉強し、日本で覚えた「うさぎと亀」(「もしもし亀よ、亀さんよ♪…」)などを歌って日々を過ごした。そして、青年となった彼らは「極東青年会」なる組織を設立し、日本での楽しかった思い出を広く喧伝した。

一九九五年一〇月、先の兵藤氏が八人の元孤児を大使公邸に招待した。席上、「国際法では、大使館と大使公邸は小さな〝にっぽん〟です」と氏が言うと、そこに居合わせた元孤児たちは、「生きているうちに日本の地をもう一度踏むのがわたしの夢でした」、「もうこれで思いのこすことはない」と泣き崩れたという。

ポーランド孤児が上陸した敦賀は古代から日本三大要津のひとつで、いまでも大陸との交流の主要な拠点である。江戸時代には北前船で栄え、一八九九年には開港場(外国貿易港)の指定をうけた。一九〇二年にウラジオストックとの直通航路が開設され、一九一〇年には駐日ロシア領事館が開庁された。日本海側で最初に線路が敷かれた地でもあり、たとえば、一九一二年、歌人、与謝野晶子が欧亜連絡列車で新橋駅から敦賀港駅に降り立ち、ここからウラジオストックに渡り、ハルビン、モスクワ、ワルシャワ、そして、夫(鉄幹)の待つパリに向かうシベリア鉄道の旅に出ている。また、敦賀といえば、

再建された敦賀港駅舎（筆者撮影）

金ヶ崎緑地に建つ「人道の港敦賀ムゼウム」（筆者撮影）

一九四〇年一〇月から翌年の四月にかけて、外交官、杉浦千畝《ちうね》（一九〇〇〜八六）から〝命のビザ〟を発給された六〇〇〇人ものユダヤ人が、ウラジオストックから「はるぴん丸」、「天草丸」、「気比丸」で上陸した人道の地としても知られている――金ケ崎緑地に「人道の港敦賀ムゼウム」が建っており、ポーランド孤児と杉浦千畝の話が紹介されている――。

【参考文献】
山口邦紀『ポーランド孤児・「桜咲く国」がつないだ765人の命』現代書館（二〇一一年）
「歴史街道 シベリアからの奇跡の救出劇―ポーランド孤児を救え！」ＰＨＰ研究所（二〇一四年三月号）

第21話

HELP JAPAN！ 善意をはこんでくれた米国艦隊

二〇一一年三月一一日に発生した東日本大震災。そのとき、米国軍がとった「トモダチ作戦」（空母ロナルド・レーガンを中心とする支援作戦）のことは決して忘れられない。

同じようなことが、同震災から九〇年ほどさかのぼる関東大震災のときにもみられた。一九二三（大正一二）年九月一日午前一一時五八分、昼餉の用意で忙しい関東の街々が激しく揺れ、数秒後には東京帝国大学地震学教室の地震計が振りきれた。東京から一〇〇キロメートルほど南の相模湾が震源とされ、マグニチュードは七・九を記録した。

余震が続くなか、無残に倒れた電信柱、われさきにと逃げまどうあまたの人、家財一式を積み込んだ大八車などが狭い道をふさぎ、さらには水道管が割れたために消火が遅れ、犠牲者はすさまじい数に及

震災のなか生き延びた「震災イチョウ」（大手濠緑地、筆者撮影）。元々は、右奥に見える毎日新聞社本社ビル近く（旧文部省敷地）に植えられていた。

んだ。圧死は言うにおよばず、猛火による焼死や窒息死、火から逃げた果ての溺死も多く、死者・行方不明者は一〇万五〇〇〇人を超えたとも言われている。もちろん、全壊・半壊した建物は想像を絶する数となった—東京初の高層建築物、十二階（凌雲閣）も倒壊した—。

炎、炎熱から逃れようと、多くの人が家財道具共々空き地（避難場所）をめざした。しかし、それがいけなかった。折からの秒速一七メートルという強風のために炎は猛り狂い、それがために服、髪の毛や家財道具に飛び火し、辺り一面は炎の海と化した。

もっともひどかったのは本所区横網町（現在の墨田区横網）で、三万八〇〇〇人—全東京市（市域は、現在の東京23区に相当）の死者の五五パーセント強に相当—もの犠牲者を出した。かつて陸軍省被服廠の建物があったところで、東京市が公園にするために買取り、そのときは二万四三〇〇坪余りの空き地になっていた。後日、引取り手のない遺体を焼却するため、同地に約五万体もの死体が集められた。残暑厳しい折から遺体の傷みははやく、大方は蛆虫《うじむし》がわ

多くの犠牲者を出した陸軍省被服廠跡地に整備された墨田区横網町公園（筆者撮影）。中央にみえる東京都慰霊堂には、東京大空襲（1945年3月10日）などの犠牲者もあわせ約16万3000体の遺骨が安置されている。写真手前の展示品は震災の炎熱で変形してしまった機械類の数々。

東京都墨田区横網町に建つ「震災遭難児童弔魂像」（筆者撮影）。
関東大震災では約 5000 人の児童が犠牲になった。

いていた。空き地はにわか火葬場となり、あらたに開発された重油火葬装置で荼毘にふされた遺骨の山は高さ三メートルにも及んだ。遺骨は、一九三〇年に建設された慰霊堂に納められた。

そのほかでは、浅草区田中小学校敷地、本所区大平町一丁目、本所区錦糸町駅、浅草区吉原公園、深川区東森下町などの犠牲者が多かった。吉原公園の四九〇人ともいわれる犠牲者の多くは女性で、そのほとんどが新吉原の芸妓や遊女だった。金で買われた身であり、廓の内から外に出ることが許されなかったのだ。彼女らの多くは焼死し、ある者は公園内の池に飛び込み溺死した。

震災では略奪などの犯罪が頻発し、朝鮮人来襲のうわさ―一九一〇年の日韓併合などによって朝鮮人の反日感情が強まり、そのことを日本社会が気にしていたという事情が背景にあった―に過剰反応したために起きた朝鮮人殺害事件―殺害された朝鮮人は二六一三人とも―、社会主義の浸潤をおそれた当局が起こした大杉栄・伊藤野枝（および六歳の甥）殺害事件などもあった。

関東大震災は安政二年（一八五五年）の安政江戸大地震（マグニチュード六・九の直下型地震）以来の大きな地震で、この報は、神奈川県警部長、森岡二朗が沖合に停泊する東洋汽船の「コレア丸」に乗り込み―森岡は泳いで同船にたどり着いた―、そこから無線で世界各地へと打電された。「日本の大部分は壊滅した」という新聞報道もあったが、たとえば、九月五日付The New York Timesは、一面トップで「JAPANESE DEATH TOLL MAY REACH 300,000, EARTH STILL ROCKS BUT FIRES ARE WANTING, AMERICA IS RAISING MILLIONS FOR RELIEF」という見出しで大きく報じた。

米国をはじめとする英国―一九〇二年に締結された日英同盟は一九二二年に終結していた―、フランス、イタリアといった先進国のほか、中国、タイ、キューバなどの発展途上国を含め五〇数ヶ国が支援に乗り出した。当時独立していた国は五七ヶ国であり、世界のほとんどの国が支援してくれたことになる。とりわけ、米国からの支援は早く、質や量も他の国を圧していた。その背景には、就任間もないクー

東京都墨田区横網町公園に建つ東京都復興記念会館（筆者撮影）。
関東大震災、東京大空襲関係の資料が陳列されている。

リッジ米国大統領（一八七二〜一九三三）の強い思いがあった。当時の米国社会は決して親日的とは言えず、排日の動きが急だった。しかし、一九〇六年四月一八日午前五時一二分、サン・フランシスコを襲った地震―市民四〇万人のうち三〇〇〇人が犠牲となった―で日清・日露戦争で財政が逼迫するわが国が多額の支援をしたことを、米国社会は忘れてはいなかった。

クーリッジ大統領は陸海軍に出動を命じ、太平洋航路を有する船会社に向こう一ヶ月の予約を解約させたうえで待機させ、日本を離れた船舶はUターン、大手鉄鋼会社所有の船舶は海軍の指揮下においた。また、赤十字社を介してHELP JAPAN、JAPAN NEEDS YOU、minutes mean livesなどを旗印に全米中で募金活動を展開し、その結果、目標五〇〇万ドルを上回る八〇〇万ドルの募金があつまった。クーリッジの命を受けた米国海軍アジア艦隊司令官のE・アンダーソン大将は、当時大連にいた駆逐艦「スチュアート」はじめ七隻を横浜に差し向け、みずからも旗艦・装甲巡洋艦「ヒューロン」で現地に向かった。また、無線中継、横浜居留者救済のため、長崎、神戸にそれぞれ駆逐艦一隻を派遣し、出動した艦船は計一七隻に及んだ。陸軍ではフィリピン駐在司令官のG・リードが動き、輸送船「メリット」、「メイグス」などを投入し、ベッド、衣料品、食料などを運んだ。

九月五日から二〇日までの間、米国の艦船、商船計一九隻の船舶が東京や横浜に支援物資を運んだ。しかし、その当時の東京港（品川、芝浦）は不開港であり、他国に内情を知られたくない日本海軍は、そうした支援に感謝しつつも監視を怠らなかった―警視庁は米国人二八人、中国人二一人ほかを要注意人物として監視した―。

欧州各国の支援船も次々と横浜港にはいり、混乱はあったもののわが国も喜んでそれらを受け入れた。しかし、ソ連汽船「レーニン号」だけは別だった。震災支援を好機として日本で社会主義を普及させようとしているのではないか、と日本政府がいぶかったのだ。実際、ソ連側のスローガンは「日本の労農を救え！」であり、「レーニン号」の貨物は中古の自動車や煉瓦が大半で、救護スタッフは英語、日本語に通じていた。日本政府は同船に九月一四日午前一〇時までに退去するよう指示し、同日午前一一時、「レーニン号」は横浜港を離れ、野島崎沖から津軽海峡を抜け母港ウラジオストックへと帰っていった。

　かくも温かく支援してくれた米国だが、震災後も同国内での排日運動は止むことなく、一九二四年に排日移民法が施行され、そこに一九二九年の世界恐慌が暗い影を落とした。一方、わが国は日々悪化する経済情勢から戦争への坂道を転げ落ち、一九四一年一二月、かつて傷を癒し合った日米関係は傷口に塩を塗り合う関係になってしまった。「歴史はあざなえる縄の如し」としか言いようがない。

【参考文献】

吉村昭『関東大震災』文藝春秋（二〇一六年）
波多野勝・飯森明子『関東大震災と日米外交』草思社（一九九九年）
山村武彦「関東大震災のちょっといい話／アメリカの「関東大震災・トモダチ作戦」」（http://www.bo-sai.co.jp/kantodaisinsaikiseki4.html　二〇一七年二月一八日アクセス）

第22話

幽霊漁船良栄丸
遺書に込められた船長の家族愛

北杜夫の『どくとるマンボウ航海記』を読まれた方も多いであろう。水産庁の漁業調査船に船医として乗り込んだ五ヶ月にわたる世界周遊記だが、そのなかに一九二六年に遭難した漁船「良栄丸」の話が出てくる。乗組員全員が亡くなるという悲劇だが、とりわけ涙をさそうのは、最後まで生き延びた船長が家族に宛てて遺書をしたためたことである。

「幽霊船と死の航海日誌（Grim Vessel and Log of Death）」…地元の新聞が大きく報道した。一九二七年一〇月三一日、米国の貨物船「マーガレット・ダラー号」が、米国西海岸のフラッタリー岬沖に漂流する漁船をみつけた。が、そのとき、乗組員全員すでに白骨化していた。一一月三日、この事件の第一報がわが国にもたらされた。〝ミイラを乗せた漁船〟…北米から続々届く電報に、多くの人が一様におどろいた。そのなかには、「仲間同士が殺し合った」、「仲間内で肉を食い合った」などと報じるものもあった。

「いったい、どこのだれの船だ」

世上はいっこうに静まらない。調査したところ、船は南和歌山の漁船、「良栄丸」（一九総トン）と判明した。当時の紀伊半島南部では、よそに移住するほかは漁に出る人が多かった。彼らは、二〇ないし四〇総トンクラスのマグロ漁船を使っての延縄《はえなわ》漁に精を出した。一〇月に出漁し、神奈川県の三崎港を拠点に遠くは八丈島や小笠原諸島まで出かけ、翌年の七月に帰港した。「良栄丸」も、そうした漁船のひとつだった。

一九二六年九月一六日、総勢一二名を乗せ、南紀串本を出港した。船長は三鬼登喜造といった。神奈川県の三崎港に回航してマグロ漁に出たのち、千葉県の銚子港に寄港した。しかし、どうしたことか低気圧でうねる波濤に漕ぎだし、そのまま波浪にのみこまれてしまった。無線装置などなく、「良栄丸」からの連絡は望むべくもない。結局、「良栄丸」の行方は杳として知れなかった。

のちのち、船内にのこされていた航海日誌から「良栄丸」のその後の航海の様子が明らかになった。再現すると、こうだ。

「マグロ（あか魚）がぎょうさんおる、大漁や」

漁師たちは、嬉々として声をはりあげた。しかし、そんな彼らに、暗い影が忍び寄っていた。

乗組員のひとりが、「この船、流されてねぇか」と、さけんだ。その声に、一同は動揺し、絶句した。そして、必死に陸の方へと舳先を向けた。三〇時間ものあいだ、彼らは陸をめざした（はずだった）。しかし、そのとき、船は一〇〇〇キロメートルも外洋に流されていた。そうこうするうち、発動機が故障し、帆を上げようにも風が悪かった。米四俵、しょうゆ三升、酢四合、大根四本、牛蒡《ごぼう》六本、芋

串本の美しい景色。「良栄丸」はここから出ていった（右端：紀伊大島、中央：橋杭岩、中央奥：太平洋、筆者撮影）

五〇〇匁《もんめ》、味噌一貫、茶一斤《きん》、干瓢《かんぴょう》一〇〇匁、水約一〇〇貫、それに釣果のマグロ二〇〇貫、鮫二〇本、烏賊《いか》三〇〇匁…干物にすれば、四ヶ月くらいは大丈夫だろう、と、船長の三鬼は考えた。しかし、その先は…。彼は、深い息をはいた。

彼らが流されている間に大正天皇が崩御し(一九二六年一二月二五日)、昭和と改まった年はすぐに大晦日を迎え、明けて昭和二年の正月を迎えた。

船は東へ、東へと流された。太平洋のまん中より東では西風が急速におとろえ、船が東進するのは難しくなった。「板子一枚下は地獄」の恐怖が、「良栄丸」の乗組員たちに襲いかかった絶望の淵にあって、彼らは連名で遺書をしたためた。縦九〇センチメートル、横一五センチメートルの杉板に書き記し、日付は大正一六年三月六日とした。

　右一二名大正一五年一二月五日神奈川県三崎港出発営業中機関クランク部破れ食料白米一石六斗にて今日まで命を保ち汽船出合わず何の勇気もなくここに死を決す

三月九日、ついに仲間の一人が死んだ。一二日、一七日にも死んだ。そう多くはないが、いいこともあった。オットセイを発見し、「近くに島があるにちがいない」と全員喜んだ。しかし、期待はいつも裏切られ、死者の数だけが虚しく増えていった。

四月に入ってもそんな状態が続いた。船長が捕まえた大きな海鳥を、みんなで食べた。鮫もかかったが、衰弱のために釣り上げるのが一苦労だった。一九日、ついに、船長ともう一人を残すのみとなった。

一九二七年五月一一日、「(前略)曇北西風風や、強く浪高し帆まきあげたるま、流船す、南と西に船はドンドン走って居る、船長の小言に毎日泣いて居る。病気…」。これが、航海日誌の最後の行となった。

このあと、最後まで生き残った二人はどのように過ごしたか、それは知りようがない。わかっているのは、白骨化し、米国の太平洋岸まで漂ったということだけだ。

日高孝次著『海流の話』のなかに、その当時、中央気象台の技師を務めていた藤原咲平博士が航海日誌や当時の気象・海象に基づいて推定した漂流経路が掲載されている。それをみると、「良栄丸」がいかに波浪に翻弄されたか推測される。博士は、洋上における自船の位置を知る術を学ばせる必要性を指摘する。緯度は簡単に算出できるのであり、もし、「良栄丸」が八丈島の緯度を海図で知っていれば同島に辿りつくことができたのではないか、と。しかし、「良栄丸」の乗組員にすれば、ただただ近海で魚群をおいかけるだけのつもりだったのだ。博士が「太平洋は広大なり、漁船にてアメリカに達せんとするは、コロンブスのアメリカ大陸発見よりも困難なりと心得べし」と書いているように、航海の術を知らぬ彼らは奇跡を信じるか早々に諦めるかしかなかった。

こうした状況のなかで、三鬼船長は、家族に宛てて心震わす文字が並んだ遺書をのこした。『どくとるマンボウ航海記』から引用すれば、次のような内容である。

娘には、

トッタンハカヘレナクナリマシタ、ナサケナイ、オマヘハコレカラカシコクナリテ、コウコウモシタリ…（父さんは帰れなくなりました。情けない。お前はこれから賢くなって、親孝行しなさい…）

息子には、

トッタンノイフコトヲキキナサレ、オキクナリテモリョウシハデキマセン、カシコクナリテクレ（父さんの言うことを聞きなさい。大きくなっても漁師にはなるな。賢くなりなさい）

そして、妻には、

サテワタクシコトハシアワセノワルイコトデス、二人ノコドモタノミマス、カナラズリョウシダケハサセヌヨウタノミマス（後略）（わたしはめぐりあわせがよくありませんでした。ふたりの子どもを頼みます。絶対に漁師にだけはさせないようにしてください）」

と書き、「わたしが好きなのはそうめんと餅でしたが…」で終わった。「…」には「ほんとうは、おまえでした」と続けようとしたのではあるまいか──少々、希望的、浪漫的に過ぎるであろうか──。

「良栄丸」の船体は米国で焼却され、乗組員の遺骨は故郷に帰った。一一月五日、追悼法要が営まれ、約三五〇人が参列したという。

【参考文献】

北杜夫『どくとるマンボウ航海記』新潮社（二〇一一年）

渡辺加藤一『海難史話』海文堂出版（一九七九年）

日高孝次『海流の話』築地書館（一九八三年）

木内省吾編『國際エピソード』非売品（一九三四年）
（http://kindai.ndl.go.jp）

与論のサバニ(艤舟)—"南海の海運王"の船出

二〇一四年四月一六日八時四八分、フェリー「セウォル号」(Sewol)が韓国の珍島沖で転覆、沈没した。仁川港から済州島に向かう途中での惨事だった。乗員乗客四七六人中二九五人が亡くなり、いまだ九人の行方が不明である—本稿執筆当時—。多くの修学旅行生が犠牲になったことに胸を痛めつつも、その際にみせた船長の醜態はいまも鮮明に思い出される。事故原因はいまだ究明されていないが、乗員一五人全員が逮捕され、船長は殺人罪に問われ大法院(最高裁)で無期懲役が確定した(「不作為による殺人」)。まさに人災と言うべき痛ましい海難事故であり、航海のさらなる安全が叫ばれる契機となったことは間違いない。

ところで、「セウォル号」がかつて日本の海を往来していたことはよく知られている。二〇一二年一〇月に韓国の清海鎮海運が購入するまで、奄美群島が日本本土に復帰した一九五三年に設立された大島運輸、現在のマルエーフェリー(A"LINE)が所有していた。船舶整備公団(現鉄道建設・運輸施設整備支援機構)との共有船として林兼船渠—一九九二年に台湾のエバーグリーングループが買収し、二〇〇四年、福岡造船が買収—にて建造され、一九九四年六月、鹿児島航路(鹿児島・奄美群島・那覇)に就航した。

元の名は、フェリー「なみのうえ」。六五八六総トン、全長一四五・六一メートル、幅二二・〇メートル、航海速力二一・五ノットで、乗客定員八〇四人、貨物容量は乗用車九〇台、トラック六〇台だった。ところが、新たなオーナーはそれを不適切に改造し、乗客定員九六〇人、乗用車八八台、トラック六〇台とし、総トン数は六八二五トンとなった。この改造が海難史にのこる惨劇を生む一因になったのは疑いようがない。

元のオーナーとはいえ、マルエーフェリー社も胸を締め付けられたであろうことは想像に難くない。さらには、"南海の海運王"と呼ばれ、同社をはじめとする企業群を一代で築いた有村治峯氏(一九〇〇~二〇〇〇)も、さぞやあの世で嘆いておられることだろう。

有村治峯、一〇〇歳まで凜として生きた実業家である。わたしの手元に、実島隆三氏が書いた『南海の海運王有村治峯の足跡』という本がある。「伝記の類を残せるような偉い人間ではない」と本人は固辞したらしいが、実島氏が長年親交のある人物だったことから、八五歳、一〇〇歳の節目にインタビューに応じたという。当の本人は、その二回目のインタビューのわずかひと月ののち、家族に「ありがとう」と小声でささやき息を引き取った。

奄美群島の与論島で生を受けた。暮らしぶりは貧しく、さつまいもをつくったり、ソテツの実を食べたりして飢えをしのいだ。正月をのぞいては、米などもってのほかだった。男四人、女一人の五人兄弟の三男だった有村は、勉強は好きだったが貧しさゆえに高等科に通うことができなかった。

一七歳になった年、有村は島を出た。「お前の好きな所へ行って働きなさい」…父はそれだけ言うと、サバニの艀で本船まで有村を送った。サバニというのは、沖縄地方で見かける漁船の総称である。大方は杉板を張り合わせた矧《は》ぎ舟の一種で、漢字で「鱶舟」と書く。サバニに関しては、日露戦争時の武勇譚がある。露バルチック艦隊が日本の西の海を北上しようとする一九〇五年五月二三日、ひとりの青年漁師がその艦隊を発見した。すぐに連絡せねばと、青年は近くの宮古島に船を着けた。「なに、ロシアの艦隊だと!」。その知らせに慌てた宮古島の古老たちは、人選のうえ電信設備のある石垣島に派遣した。選ばれた五人の漁師は一五時間かけて一七〇キロメートルの距離をサバニで渡りきり、三〇キロメートルはあろうかという山道を歩き、二七日午前四時、ようよう八重山郵便局にかけこんだ。その知らせは、沖縄那覇の本局から沖縄県庁を介し、東京の大本営に届いた。しかし、その労が報われることはなかった。バルチック艦隊発見の知らせは、数時間前に「信濃丸」によってすでにもたらされていたのである。それでも、彼らの勇気と国を思う気持ちは多くの感動を呼び、いつしか、彼らは「久松五勇士」と呼ばれるようになった。

（働きながら勉強ができる）…島を離れる有村の心中に去来したのは、ただそれだけだった。手を振る父を乗せたサバニが遠ざかっていく。有村は、そのときの光景を生涯忘れられなかった。

有村が奉公した白石商店は、地元の特産品である大島紬などを商う呉服店だった。有村は行商に精を出した。二二歳のとき、心臓が悪いという理由で徴兵検査が不合格となったのを機に独立し、大島紬と砂糖（黒糖）を取り扱うようになった。

一九四六年、奄美群島と沖縄が日本本土から分離され、米軍の支配下にはいった（「二・二宣言」）。そのため、奄美全島が日本に復帰する一九五三年一二月二五日までの間、大島紬を本土に〝輸出〟する場合は一〇〇パーセントの関税がかけられ、黒糖は輸入禁止品目に指定された。食糧の三倍値上げという問題も浮上した。

そうした時代、有村は豊富な人脈などを駆使し必死に闘った。食糧の値上げを阻止し、日琉貿易の自由化をマッカーサー元帥に直訴したりもした。すべては、奄美のためだった。有村の努力は報われ、奄美はみごとに復活した。この時期、奄美の海運業は群雄割拠の様相を呈していた。鹿児島・名瀬（奄美大島）・那覇を結ぶ基幹航路では日本郵船、現在は商船三井となった大阪商船と三井船舶、日本海汽船、関西汽船などがしのぎを削り、奄美群島間の航路では地元業者と沖縄の業者が覇を競った。

奄美の住民の足は当初二〇〜五〇総トン前後の木造機帆船が主役だったが、徐々にポンポン船の役割が大きくなっていった。ポンポン船とは焼玉エンジンを備えた小型漁船で、「ポン、ポン、ポン…」というリズミカルなエンジン音からそう呼ばれた。荒天に強い鋼鉄船、ハイパワーのディーゼルエンジンを搭載した高速船なども、本土復帰を前に続々登場した。

こうした時代にあって、小型船の海難事故が相次い

九州本土最南端、佐多岬灯台（筆者撮影）

で起きてしまう。一九五〇年一一月七日、和泊《わどまり》（沖永良部島）農協所属の定期船「和泊丸」（一九・五総トン）が二九人を乗せて航行中に徳之島近くで沈没し、一九人が行方不明となった。さらには、一九五三年二月四日、「旧正月を故郷で過ごせる」と胸を膨らませる乗員乗客八二人を乗せた小型ポンポン船「新生丸」（一八総トン）が沖永良部島沖で沈没し、四人が亡くなり七六人が行方不明となった―助かったのは、女性乗客と船長のふたりだけだった―。「新生丸」の乗客の大半―そもそも、定員が六〇人のところに八二人が乗っていた―は、貧しい土地を離れて沖縄に出稼ぎに出ていた人たちだった。必死の思いで稼いだお金とたくさんのお土産を手にし、久しぶりに家族に会えるよろこびに自然と頬を緩ませていたにちがいない。そのことを思うと、胸がいたむ。これら二船の海難事故は、有村に鋼鉄船建造を決意させた。（なんとしても、定期船の大型化をすすめなければ）…有村は日本開発銀行（現日本政策投資銀行）と交渉し、大型船の建造に着手した。

　やる気さえあれば何でもできる、勇気と計画が大事だ、自分の命をかけて体当たりすれば必ず成功する、無駄遣いはだめだ…有村の経営哲学が揺らぐことはなかった。インタビュアーの実島氏が有村に経営哲学について質すと、「難しいことは分からんが」と断ったうえで、今日自分があるのは「三つの〝おかげ〟」だとして次の三点を挙げた。学歴がなかった〝おかげ〟、生まれ育った実家が貧乏だった〝おかげ〟、そして、両親からもらった丈夫な体の〝おかげ〟。一番目の〝おかげ〟で、他人の話をよく聞き勉強に努めることができた。二番目の〝おかげ〟で、苦しい時でも辛抱することができた。そして、最後の〝おかげ〟で、朝早くから夜遅くまで働くことができた。

　有村にとって、サバニに乗って与論島を出た一七歳の光景が心の原風景だった。そして終生、有村の心は奄美とともにあった。「赤い蘇鉄の実も熟れる頃、加那も年頃、加那も年頃、大島育ち…♪」、バタやんこと田端義夫が哀感たっぷりに歌う「島育ち」は、そんな奄美を歌ったものである。

【参考文献】

実島隆三『南海の海運王有村治峯の足跡』南海日日新聞社（二〇〇一年）

第23話

駆逐艦雷が救った命

戦場でみせた〝武士道〟

一九四二年二月一五日夕刻にシンガポールを落とした帝国海軍は、二七日から三月一日にかけて、ジャワ島近海で英米蘭豪の連合艦隊と壮絶な海戦を繰り広げた。世にいう「スラバヤ沖海戦」、一九〇五年五月の日本海海戦以来三七年ぶりとなる艦隊決戦である。結果は日本の圧勝で、付近の海域に多くの敵艦が沈んだ。

一九四二年三月二日九時五〇分ごろ、大日本帝国海軍駆逐艦「雷《いかづち》」がスラバヤ沖に漂流する敵国の将兵を発見した。

「艦長、助けましょうか」

浅野市郎大尉が、艦長の工藤俊作に指示を仰いだ。工藤俊作。一九〇一年、山形県東置賜《おきたま》郡屋代村（現在の高畠町）の裕福な農家の次男に生まれ、米沢藩第九代藩主、上杉鷹山（治憲）が創設した藩校を継承する県立米沢中学校（現在は県立米沢興譲館高校）に入学した。全国の俊秀が集まる海軍兵学校（海兵）に進むべく教育を受け、五一期、三番目の成績でみごと海兵に合格した。それは、平民出としてはまさに快挙だった。

海兵では、校長の鈴木貫太郎中将（のち海軍大将、太平洋戦争終結時の首相。海兵一四期）が一メートル八〇センチの堂々たる体躯で「武士道」を説く姿に大いに感銘を受けた。ワシントン会議（一九二一年一一月〜一九二二年二月）で日本海軍の主力艦（戦艦）保有比率が対英米で六割に制限され、学生数が縮減されるなか、二五五人中七六番目の成績で全課程を終えた。皇族が出席する華やかな卒業の式典に臨むと、そこには、故郷から出てきた両親と兄の姿があった。

江田島にある海上自衛隊幹部候補生学校。かつて、海軍兵学校があった。
（第一術科学校写真提供）

航海演習ののち海軍少尉となり、一九四〇年一一月一日、駆逐艦「雷」（一六八〇排水トン、最高速力三八ノット）の第一〇代艦長に就任した。「雷」は、主力艦を補助する特型シリーズ二五艦中二三番艦として横須賀の浦賀船渠で建造された。巡洋艦並の性能を誇り、英米の同クラス駆逐艦を凌駕した。

「どこの艦かわかるか？」

「英国の巡洋艦「エンカウンター」と思われます」

ふたりの声が、艦上を慌ただしく行き交った。

「敵将兵の数はいかばかりか？」

「四〇〇は優に超えている、かと」

四〇〇と聞いて、工藤は考え込んだ。

「艦長、もはや一刻の猶予もなりません。ご指示を」

浅野に対応を急かされ、工藤はしばし目を閉じた。一メートル八五センチ、九五キログラムというずば抜けた体躯の工藤の脳裏を、幼少時に祖父母に聞かされた上村将軍の話がよぎった。ときは日露戦争の真っただ中、上村彦之丞中将（のち海軍大将）が韓国の蔚山沖で撃沈したロシア巡洋艦「リューリク」の漂流将兵六二七人を救助した、という話であ

る――本書第16話「常陸丸事件」参照――。

工藤を動かしたのは祖父母との思い出だけではなかった。前日、同じく帝国海軍に撃沈された英国巡洋艦「エクセター」の乗組員三七六人を、僚船の駆逐艦「電《いなづま》」が救助したことを耳にしていたのである。「エクセター」が海に吸い込まれんとするとき、「電」の艦長(竹内一少佐)が「沈みゆく敵艦に対し、敬礼！」と号したことも知っていた。

「艦長、海上遭難者を不当に放置すれば戦争犯罪になりかねません」

浅野は、工藤に諭すように言い添えた。もちろん、そのことは工藤も知っていた。しかし、敵に攻撃される可能性があるときは例外である。事実、三ヶ月前、米国は日本艦隊に対する潜水艦による無制限攻撃を指令し、近海には米国潜水艦が大挙していた。

工藤は決断した。

「ただちに救助せよ！」

工藤は矢継ぎ早に指示を出し、先任将校らに指揮をとらせた。

「我、タダ今ヨリ、敵漂流将兵多数救助スル」

工藤は、第三艦隊司令部に宛てその意を伝えた。

「後進いっぱい！」

艦が停止した。「救難活動中」の国際信号旗がひるがえり、縄梯子が次々におろされた。

工藤は一般兵から慕われていた。上に媚びることなく、些細なことは気にせず、前向きな失敗をした部下を決して叱らず、士官と一般兵の区別なく接した。サンマとイワシが大の好物で、「お～い、おれの肉をサンマかイワシと交換してくれや」と言いながら一般兵の食堂に出入りする艦長に、乗員一同、「艦長のためなら死ねる」と口々に言いあった。

「雷」の乗員たちは、必死の思いで敵将兵の救助にあたった。その甲斐あって、多くが救出された。あっという間に、さほど大きくない「雷」の甲板は敵兵でいっぱいになった。それは、自艦乗員二二〇人の倍近い、総勢四二二人という数だった。(やはり四〇〇を超えていたか。浅野の目利きもたいしたものだ)…工藤は、心中苦笑した。

士官は前甲板、一般兵は後甲板に集められた。(助かった)…彼らは、冷え切った体に血液が脈々と通うのを感じた。しかし、落ち着くにつれ、己が置かれている状況が徐々に心配になってきた。「電」が多くの同僚を助けたことを、彼らは知らなかった。「日本人は非道、野蛮だというじゃないか」、「結局、俺たちは殺されるにちがいない」とささやき合い、しだいに恐怖心が彼らを縛っていった。

　蒼ざめる将兵たちだったが、思いがけず、緑色のシャツ、カーキ色の半ズボン、運動靴、ホットミルク、ビール、ビスケット、缶詰の肉、それに、貴重な真水が思う存分に与えられた。彼らは胸に手を当て、しきりに十字をきった。しばらくして、柔道三段の偉丈夫が彼らの前に姿をみせた。艦長の工藤だった。（何をされるのだろう）…士官らは一様にざわついた。ところが、〝敵艦〟艦長は一同を見渡し、敬礼をした。あっけにとられ、一同、反射的に返礼した。そして、次の瞬間、彼らはわが耳を疑った。

「You had fought bravely. Now you are the guests of the Imperial Japanese Navy. I respect the English Navy, but your government is foolish to make war on Japan.」

「なにっ、われわれが日本帝国海軍のゲストだと？？？」

　彼らは驚き、（亡くなった七人の水兵には申し訳ないが、われわれは助かったのだ）と確信した。一方で、日本側のなかには、こうした艦長の対応に異を唱える青年士官もいた。

「俺らの艦長はいったい何を考えているのだ」

　彼らは、敵兵が十分な食料を口にし貴重な真水を無思慮に飲むさまをみて、内心快く思わなかった。それでなくても、ますます狭くなった居住スペースにストレスを感じ、いつ攻撃されるかわからないという極度の緊張のなかに置かれているのだ。

　いろいろな声が聞かれたが、それでも、工藤は甲板に天幕を張らせ、敵将兵を灼熱の太陽から守った。英国の士官はそうした工藤の心遣いに感謝し、必要な分だけの食料を受け取るなど、努めて紳士たろうとした。

　翌日、英国側一行は、ボルネオ（カリマンタン）に停泊するオランダの病院船「オプ・テン・ノールト」に引き渡された。同船は帝国海軍が違法に拿捕していたのだが、一行を丁重にもてなした。

こうして、駆逐艦「雷」による人道劇の幕は下りた。そののち、工藤は海軍中佐に昇進し、司令駆逐艦「響」の艦長に就いた。一方、「雷」は、一九四四年四月一三日、米国潜水艦「ハーダー」によって撃沈された。

工藤に救われた士官のなかに、命の恩人の消息を訪ね歩いた人物がいる。元英国海軍中尉で、長いこと外交官を務めたサムエル・フォール卿だ。一九八七年、フォール卿は、「騎士道（Chivalry）」と題した一文を米国海軍の機関誌に寄稿した。一九九六年には自伝『MY LUCKEY LIFE』を著し、「元帝国海軍中佐工藤俊作に捧げる」と銘記した。二〇〇三年一〇月に来日したフォール卿は、工藤の墓前に挨拶し遺族に謝意を伝えようとした。しかし、その願いは叶わず、やむなく元自衛官で作家の惠隆之介氏に後事を託し帰国した。フォール卿は、なぜ工藤の墓参ができなかったのか。じつは、工藤は戦死した同僚や部下の冥福を祈り仏前で合掌するのを日課とし、海軍兵学校のクラス会などに出席しなかったためその行方が知れなかったのである。

一九七九年一月一二日、「海の武士道」の火がひとつ消えた。「勝者は驕ることなく敗者を労り、その健闘を称える」（フォール卿）という武士道で生きぬいた工藤俊作だったが、胃がんを患い、闘病生活の末に七八年の生涯を閉じた。

【参考文献】
惠隆之介『敵兵を救助せよ！—英国兵422名を救助した駆逐艦「雷」工藤艦長』草思社（二〇〇六年）
惠隆之介『海の武士道—The Bushido over the Sea』産経新聞出版（二〇〇八年）
サム・フォール著、中山理監訳、先田賢紀智訳『ありがとう武士道—第二次大戦中、日本海軍駆逐艦に命を救われた英国外交官の回想』（原題『MY LUCKEY LIFE—In War, Revolution, Peace & Diplomacy』）麗澤大学出版会（二〇〇九年）

第24話 阿波丸殉難

米国潜水艦に沈められた商船

ノンフィクション作家上坂冬子の著書に、『おばあちゃんのユタ日報』がある。ユタ日報は、一九一四年にユタ州ソルト・レーク市で創刊された日本語新聞で、一九〇五年四月、日露戦争たけなわの時期に米国にわたった寺沢畔夫《うねお》が始め、畔夫亡きあとは妻の国子がふたりの娘の力をかりて守りとおした。太平洋戦争の難しい時代にあって、多くの日本人移民や日系二世に有益な情報と希望を与え続ける、それがユタ日報だった。

『おばあちゃんのユタ日報』のなかに、一九四五年四月一日深更に発生した「阿波丸」撃沈に関するロンドン発のニュースが同月三〇日付ユタ日報に載った、とある。日本人乗客一五〇〇人を乗せた「阿波丸」が米国の潜水艦に雷撃されたことを報じるもので、事件発生からは一ヶ月近くが経っていた。

太平洋戦争では米国潜水艦による無制限攻撃で多くの日本商船が撃沈され、そのことが多くの悲劇を生んだ。たとえば、一九四四年四月、潜水艦「ジャック」が山下汽船（現商船三井）所有—帝国陸軍が徴用—の貨物船「第一吉田丸」（五四二五総トン）を沈め、帝国陸軍の兵士約三〇〇〇人が犠牲となった。また、同年八月二二日には、（広く知られているように）日本郵船所有の貨物船「対馬丸」（六七五四総トン）が潜水艦「ボーフィン」に雷撃され、正確な数字は未確定ながら、一四八二人もの民間人の尊い命が海の藻屑と消えた。「対馬丸」には沖縄から疎開する多くの学童が乗っており、七八四人の幼い命が失われた（対馬丸記念館ウェブサイト（http://tsushimamaru.or.jp/?page_id=72）二〇一七年九月一〇日最終アクセス）。ちなみに、一九九七年、鹿

対馬丸（日本郵船歴史博物館所蔵）

児島県トカラ列島の悪石島北西沖約一〇キロメートル地点で「対馬丸」の船体が発見された（南西諸島水中文化遺産研究会編『沖縄の水中文化遺産―青い海に沈んだ歴史のカケラ』ボーダーインク（二〇一四年）二〇二～二〇三頁）。

今回紹介する「阿波丸」もそうした商船の一例である。が、その犠牲となった非戦闘員の数という点ではまさに衝撃的である。

日本郵船所有の貨物船、「阿波丸」。一九四三年三月、三菱重工業長崎造船所にて竣工（一万一二四九総トン、全長一六三・五五メートル）。多くの僚船が米国潜水艦に撃沈されるなか奇跡的に生きのこり、それが故に運命的な任務が与えられることになった。太平洋戦争中、日米両国の間で捕虜救援協定に関する外交交渉がなされ、劣悪な環境に置かれている連合国側の捕虜に食糧や薬などを送ることが決まった。「阿波丸」に与えられた新たな任務は、連合国側のための「人道的ミッション」だった。が、その一方で、その任務は、日本政府に航海の安全が保障された船舶による軍事的目的の完遂を期待させた。この日米両国の思惑の入り乱れる航海に起用されたのが、「阿波丸」だった。

ソ連経由で運ばれてきた捕虜救援物資を積み込み終えた二月一七日、「阿波丸」は門司を出航した。米国側は栄養失調著しい捕虜たちが歓喜の声をあげて喜ぶ光景を思い浮かべ、日本側は南方に軍需品のほか、兵士のための食糧、外交交渉に長けた外交官を運び、本土防衛に必要な資源を持ち帰ることを期待した。「阿波丸」は日米の希望を乗せ、西へと向かい、東シナ海を南下した。

敵国捕虜に救援物資を届けるという所期の目的を無事果たした「阿波丸」は、復航のジャカルタで本土防衛に必要な資源や人員、サイゴンで船を失った船員約四八〇人、米や電気機械、バンカ島で原油、掘削機械、錫インゴット、タングステンなどを積み込んだ。さらにシンガポールでは、帝国海軍の関係者（乗客全体の約半数）、陸軍や海軍の軍属（同約四割）、その他の非戦闘員（外務省、大東亜省、民間企業の技術者や地質学者ら）を、本土防衛に役立つか否かの順位で乗船させせた。

三月二八日、二〇〇〇超の人を乗せた「阿波丸」は、敦賀をめざしシンガポールを後にした。当初の目的地は門司だったが、出航前夜に米国空軍が関門海峡に機雷を投下したため同地への帰投ができなくなったのである。

「阿波丸」がシンガポールを出航して間もなく、米国の軍用機二機がその上空をとび、同船の動きは正確に捕捉された。航海の安全が保障された商船ではあったが、「阿波丸」はそうした待遇を剝奪されても仕方のないルール違反、すなわち、往航では軍需品や航空機部品など、復航では先述したように軍事禁制品を満載していた。こうした場合、米国が仮に雷撃しても国際法上は合法と考えられた。しかし、米国側は日本軍による捕虜虐待をおそれ、捕虜支援のための航海継続を優先することにした。

四月一日、「阿波丸」が台湾海峡にさしかかった。時節柄洋上には深い霧がたちこめ、視界、いたって不良。

―ピン、ピン、ピン―

二三時、一隻の米国潜水艦のレーダーが「阿波丸」

をとらえた。

「艦長、敵艦です！」

　配下の知らせに、艦長のラフリンは跳ね起きた。

「総員、配置につくよう指示せよ！」

　潜水艦「クイーンフィッシュ」の艦内がにわかに活気づいた。潜航でも九ノットのスピードがでる全長三一一・五フィート（約九四・九メートル）、幅二七・二五フィート（約八・三メートル）と〃スマート〃な「クイーンフィッシュ」には、ラフリン艦長のほか、八人の士官と五七人の乗組員が乗っていた。

「クイーンフィッシュ」のレーダーがとらえた船は、濃い霧のなかを最高速度で北上していた。このとき、その船（阿波丸）の浜田船長は米国潜水艦による雷撃をさけるためのジグザグ航法をとっていなかった。しかも、米国側に事前に通知していた航路をはずれ、通過時刻も違っていた。そのため、「阿波丸」に関する電文、安全保障船であり雷撃するな！との指示を受け取っていたにもかかわらず、近時のパトロールで大きな成果を出していないことにいらだっていたこともあり、ラフリン艦長はその船が攻撃対象であると判断した。

　レーダーで「阿波丸」を捕捉して約一時間後、ラフリン艦長と「クイーンフィッシュ」の乗組員は、「阿波丸」に向け四発の魚雷を発射した。全発命中…「クイーンフィッシュ」の艦内は、雷撃が成功したことに大いに沸きたった。

――ギー、ギー、ギーっ――

「阿波丸」の船体が大きくふたつに割れ、あえなく霧中に消えた。「阿波丸」の沈んだ海域に艦を近づけたラフリン艦長は、大勢の人が泣き叫びながら水中にのまれていくのを目の当たりにした。彼はひとりでも多く救おうと、浮き輪を投げるよう配下に指示した。が、救われたのはたったのひとりだった。

　救われたたったひとりの日本人は、下田勘太郎という名の一級調理師だった。当時四六歳だった彼の証言によって、ラフリンは、沈めた相手が航海の安全を保障せよとの指示を受けていた貨物船「阿波丸」であることを知った。（しまった）…胸の鼓動が先を急《せ》いた。しかし、その一方で、これは極度の緊張下ではよくある〃エラー〃であり、軍用船と疑われるような航海をしていた相手（浜田船長）の非を責めることも忘れなかった。

ラフリンに同情する上司らによって主導された軍事裁判において、「命令服従の点で怠慢だった」というもっとも軽い刑がラフリンに言い渡された。「有罪」となったことにショックを受けたラフリンだったが、出世の道がのこされたことに安堵した。

米国潜水艦が「阿波丸」を撃沈したことを知った日本側は米国側に対し犠牲者遺族に対する賠償、代替船の提供を求め、米国は自らの非を認めた。しかし、外務省が支払い要求をワシントンに打電したまさにその日、天皇陛下の降伏を告げる玉音放送が廃墟と化した街にながれた。八月三〇日、ＧＨＱ司令官、マッカーサー元帥が厚木飛行場に降り立った。彼は阿波丸事件解決に向けて真摯に対処し、日本側に賠償請求権の放棄をもとめるとともに未来志向的な対応をうながした。

一九六六年六月、奈良の璉珹《れんじょう》寺に阿波丸犠牲者の碑が奉納された。また、一九七七年一〇月には、東京、芸大門の増上寺境内に「阿波丸事件殉難者之

阿波丸事件殉難者之碑（増上寺、筆者撮影）

碑」が竣工した。そののち、中国領の島から一八キロメートルほどの沖合、深さ約六〇メートルのところに眠る「阿波丸」が中国側の手によって発見され、一五八人の犠牲者の遺骨と遺品が中国側から日本側に渡された。それは阿波丸殉難者遺族の長年の悲願であり、増上寺の碑の裏にそうした謝意の文字が並んでいる。

【参考文献】

上坂冬子『おばあちゃんのユタ日報』文藝春秋（一九九二年）
R・ディングマン著、川村孝治訳、日本郵船歴史博物館監訳『阿波丸撃沈―太平洋戦争と日米関係』成山堂書店（二〇〇〇年）

もうひとつの阿波丸

前話（第24話）に関連して日本郵船歴史博物館に「阿波丸」のデジタル写真のご提供をお願いしたところ、ご担当の方に「ポトマック河畔に桜を運んだ阿波丸ですか、それとも潜水艦に沈められた阿波丸でしょうか」と質問された。もちろん、後者である旨お答えしたが、前者の「阿波丸」にも大いに興味をそそられた。そこで、ついでで大変申し訳なかったのだが、「明治三二（一八九九）年建造の阿波丸の写真もお願いできますか」と追加でお願いした。すると、先方は「承知しました」と応え、「ただ申し訳ありませんが、雷撃された方の阿波丸の写真は、残念ながら当館に資料が残っておりません。竣工してすぐに沈められたからでしょう」と言を継いだ。

前者の―もうひとつの―「阿波丸」のことに簡単に触れておきたい。

いまではすっかり有名になったワシントンD.C.、ポトマック河畔の桜だが、その陰にはエリザ・R・シドモア（一八五六〜一九二八）という名のジャーナリス

阿波丸（日本郵船歴史博物館所蔵）

ト、紀行作家の存在があった。彼女の兄は駐日副領事で、彼女自身、明治初期の三年間を日本で過ごしたのだが、その折、日本の桜のあまりの美しさに「故国の人たちにもみせてあげたい」と思うようになり、二〇年にもわたって故国への植樹を訴え続けた。

一九〇九年、シドモア女史はタフト米国大統領夫人に宛てて一通の手紙を書いた。そして、そのことが契機となり、当時の東京市が桜の木を贈ることを決めた。若木二〇〇〇本が日本郵船「加賀丸」（一九〇一年竣工）に積み込まれた。日本郵船の社内報（http://www.nyk.com/yusen/kouseki/200305/index.htm、二〇一七年九月一三日最終アクセス）によれば、このとき、ことの経緯に胸打たれた同社の近藤廉平社長は、尾崎幸雄東京市長に宛て「一層奮発、国交上ノ関係ヲ重ンジ、全然無賃ニテ運搬ツカマツルコトトシ」という趣旨の手紙を書いたという。残念ながら害虫に侵され、運ばれたすべての苗木は焼却処分となった。しかし、そこで終わることはなかった。

後日、苗木一一品種、六〇四〇本――半分はニューヨークへ――の桜を積んだ日本郵船の「阿波丸」が横浜を出航し、一九一二年三月二六日、シアトル経由でワシントンD.C.に到着。翌日、記念すべき植樹が行われ、シドモア女史の抱いた所期の目的はようよう完遂された。

一九一五年、米国から四〇本のハナミズキが桜の返礼として日本側に贈られた。そして、ときを下った一九九一年、ポトマック河畔にわたった桜の木が里帰りを果たし、シドモア女史の眠る地に根付いた。ポトマック河畔では、年一回、全米桜祭り（National Cherry Blossom Festival）が開かれている。太平洋戦争で一時中断したものの一九四七年に再開され、多くの人々の目を楽しませている。それはまさに日米友好の象徴であり、そうした「見える化」に大きく貢献したのが「阿波丸」であった。

第25話

樺太引揚三船殉難事件
もしかしたら、横綱大鵬は誕生しなかった???

二〇一三年九月某日、北海道の留萌に出かけた。人口三万人に満たない小さな町を訪ねたのは、「樺太引揚三船《さんせん》殉難平和の碑」を目におさめるためだった。三船とは「小笠原丸」、「泰東丸」、「第二新興丸」のことで、いずれも太平洋戦争末期から終戦時に引揚船として活躍した。しかし、元々、「小笠原丸」は逓信省所属の海底ケーブル敷設船、「泰東丸」は特設砲艦、そして、「第二新興丸」は貨物船だった。

　引揚船とは外地に残る軍人・軍属三一〇万人、民間邦人三三〇万人の合計約六四〇万人―在中国一六三万四三六二人、在満州一二七万一四八二人、在東南アジア七一万一五〇六人、在韓国五九万六四五四人、在台湾四七万九五四四人、在ソ連四七万二九三七人、在北朝鮮三二万二五八五人、在千島・樺太二九万三三五九人など―の移送に従事する船のことで、一二六万人もの外国人をそれぞれの故国に送還する任にも就いた。わが国商船の多くが戦禍を被り、残った少ない船腹―太平洋戦争で喪われたわが国商船は二五六八隻(八四三万総トン)、六万数千人の船員が犠牲となった(三輪祐児『海の墓標』展望社(二〇〇七年))―だけではその要請に対応しきれず、リバティ型商船(米国の戦時標準船。約一万総トン、速度一一ノット)、ＬＳＴ船(米軍の敵前上陸用戦車輸送船)や病院船など、計二一六隻の船を米国から借りた。その当時、引揚船は日の丸の旗を翻しての航海はできず、ＧＨＱ船舶管理部門に所属することを示す「ＳＣＡＪＡＰ(スカジャップ)」の旗を掲げ、船体に番号が記された。

　引揚船は、米軍が放った一万一〇〇〇個もの機雷が散らばる危険な海で引揚作業に従事した。が、そうした決死の任に就いたのは、民間の船員たちだった。彼らに、〝戦後〟はなかなか訪れなかったのである。事実、戦後だけでも一八六隻の船が沈み、七七八人の船員の尊い命が失われた。

　さてさて、三船のひとつ、「小笠原丸」（一四〇三総トン。一九〇六年、三菱長崎造船所建造）のことである。一九四五年八月八日、ソ連（現在のロシア）が日ソ中立条約（一九四一年四月一三日調印）を一方的に破棄し、南樺太に進攻してきた。ソ連軍が迫りくる恐怖のなか、「小笠原丸」は二回目の引揚げのため樺太（現在のサハリン）の大泊（現在のコルサコフ）港に着岸し、八月二〇日午後一一時四五分、女性、一四歳未満の子ども、六〇歳以上の老人の計一五〇〇人余りを乗せ、大泊から稚内港をめざした。真夜中に出港したのは、もちろん、ソ連の潜水艦による攻撃を避けるためだった。

　二一日の午前一一時、「小笠原丸」は稚内港にはいった。乗船を続けるのは危険だと判断し、船長は、乗船者全員の下船を指示した。しかし、疲れ切っていたこともあり、指示に従って下船したのは半数強の八七八人だけだった。やむなく、船長は稚内を後に、次の目的地、小樽をめざすことにした。

　突然の爆発音…二二日午前四時二二分、「小笠原丸」は留萌沖において国籍不明の潜水艦による魚雷攻撃を受け、あえなく沈没した——国籍不明としたが、ソ連のものであると推察された——。

　伝馬船などで助かった乗客はわずかに六二人で、死者は六四〇人にも及んだ。やっとのことで浜にたどり着いても、地元の村人たちは漂着者をいぶかしんだ。彼らが「オガサワラ（小笠原）」、「ヒナンミン（避難民）」と言うのを、ある漁師が「小笠原から来た支那人」と誤解したようだ。村人たちは「船を出そうにも油がない」、「潜水艦がうようよいる」などと理由をつけ、救助に向かうのを渋った。しばし押し問答があったのち、ようやく二隻の船が蒸気の煙を吐いた。しかし、助かったのは先に触れたように六二人のみで、ほかには、二九の遺体と一五〇個の荷物が引き上げられただけだった。

　助けられた六二人は、地元の婦人会が甲斐甲斐しく世話をした。助かったなかに、ひとりの妊婦がいた。彼女は、六歳の長男と三歳の長女を必死の形相で探し回っていた。ふたりの子が見当たらないことに心を砕く彼女に、村人は「ふたりとも助かったから、安心して元気な子を産んでくれ」と気遣った。しかし、無情にもふたりの子は帰らず、くわえて悲しいことに死産だった。のちに長女の遺体があがったことだけが、せめてもの救いとなった。助かったなかに、引き受ける先のないふたりの少年がいた。ひとりは、父親と兄を樺太に残し、ふたりの姉とふたりの妹、それに幼い弟とともに「小笠原丸」に乗った。が、彼ひとりが生き残った。引揚先の住所はふたりの姉が知っており、彼がわかっていたのは「新潟県」ということだけだった。もうひとりの少年も、事情はほぼ同じだった。母親、妹と一緒だったが、生き残ったのは彼ひとり。わかっていたのは、行き先が「秋田県」ということのみ。ふたりは近くの寺に預けられ、間もなくして、幸いにもそれぞれ縁者に引き取られていった。

　以上の話だけでも十分胸をしめつけられるのだが、不幸は「小笠原丸」だけではなかった。「泰東丸」、「第二新興丸」も魚雷攻撃をまともにくらい、「泰東丸」は留萌沖に沈み、「第二新興丸」だけは辛うじて留萌港にたどり着いた。しかし、その「第二新興丸」にしても、船内で二二九もの遺体が見つかった。マストやロープに体の部位やボロボロになった衣服の切れ端などがこびりついていた…そうした凄惨な光景を目にしたという記録が残されており、惨状この上ない。

　三船の遭難（殉難）で、一七〇八人以上の尊い命が失われた。（ようやく故国に帰ることができる）…すべての人がそう思ったにちがいない。しかし、彼らが生きてふたたび故郷の山河を目にすることはなかった。そうしたなか、偶然救われた命のドラマもあった。かの昭和の大横綱、大鵬（本名、納谷《なや》幸《こう》喜《き》、一九四〇〜二〇一三）もそうしたひとりである。「巨人、大鵬、卵焼き」とまでいわれたあの大横綱が…と、不思議に思われるかもしれないが、よく知られているように、彼は南樺太の敷香《しすか》（現在のサハリン・ポロナイスク）で生まれ、幼くして先の「小笠原丸」で引き揚げてきたのである。

大鵬は、コサック騎兵隊将校（名をボリシコ・マリキャンといった）の三男として生まれた。生まれた年が皇紀二六〇〇年にあたったことから、幸喜と名付けられた。一九一七年のロシア革命ののちに樺太に亡命したウクライナ人、いわゆる白系ロシア人の血をひく大鵬は、母キヨ、兄、姉とともにソ連の南樺太侵攻から逃れようと汽車で大泊に行き―一九四四年に起きたソ連スパイ事件のあおりを受け、父親とは離れ離れになっていた―、「小笠原丸」で小樽に向かった。しかし、母親の船酔いがひどく、稚内で下船し鉄道で小樽をめざすことになり、そのために大鵬母子は救われた。北海道での生活はみじめなもので、一二歳の兄、幸治は農家で働き、幸喜少年もまた家計を助けるため納豆を売り歩いた。母の裁縫の仕事は徐々に増えていったが、「ひもじい生活はそれほどかわらなかった」。夜中、狭い家のなかにひびく母のミシンの音を子守歌とし、彼はしたたかに北の大地で生きのびた。その労苦は報われ、横綱柏戸とともに柏鵬《はくほう》時代をなす名横綱として歴史にその名を刻んだ。

留萌市にある「樺太引揚三船殉難平和の碑」（筆者撮影）

留萌にある「海のふるさと館」の横、夕焼けの絶景スポットとして人気のある（らしい）黄金岬の近くに、めざす「樺太引揚三船殉難平和の碑」はあった。かつては市街地を見下ろせる千望台の近くにあったらしいが、やはり美しい海岸のそばがいいということなのだろう。付近にはその昔、烽火台《のろし》——江戸時代、多くの岬の突端に狼煙《のろし》、狼煙山（英語では beacon）が置かれた。この beacon が大型化、恒常化したのがいまの灯台（light house）である（佐波宣平『復刻版海の英語』成山堂書店（一九九八年））——が置かれていた。

しばし、瞑目《めいもく》する。「平和の碑」と刻まれたモニュメントが波しずかなはるか洋上を望み、平和のための狼煙をあげているように思われた。

【参考文献】

大鵬幸喜『巨人、大鵬、卵焼き—私の履歴書』日本経済新聞社（二〇〇一年）
浅井栄資『慟哭の海—知られざる海上交通破壊戦』日本海事広報協会（一九八五年）
吉村昭『総員起シ』文藝春秋（一九八〇年）

第26話

海洋調査船第五海洋丸の殉職
海底火山噴火調査の犠牲になった三一人

「噴火続く西之島、初の海底調査へ…」

二〇一五年六月二二日夕刻、Yはテレビニュースにくぎ付けになった。活発な噴火活動の続く小笠原諸島の西之島（新島）に向けて、海上保安庁の大型測量船「昭洋」が無人艇マンボウⅡを乗せ出港したと、女性アナウンサーが淡々と報じている。

「噴火が落ち着き、土地の測量が完了すれば、日本の排他的経済水域（EEZ）はもっと広くなるな」

Yはテレビに向かって話しかけ、ついつい晩酌の杯がすすんだ。そして、おもむろに世界地図を広げ、

「わが国の領土は…最北端が択捉島、最南端が沖ノ鳥島、最西端が与那国島、そして最東端が南鳥島」

と指でなぞり、満足げにほほ笑んだ。

「それにつけても…」

ふと、昔の悲劇がYの頭をよぎり、喜寿近い彼の顔がにわかに曇った。いまや忘れ去られつつある悲劇…それは、彼の脳裏から決して消え去ることのない事件だった。

あの頃、Yの父親は海上保安庁に勤めていた。一九五二年九月二四日深夜、海上保安庁所属の海洋調査船「第五海洋丸」が海底火山噴火の直撃を受け、三一人の尊い命が奪われた。Yの父親は直接の担当ではなかったが、激しい失意のなかで病に倒れ、ほどなくして不帰の人となった。そしてそれは、少年Yのその後の人生に暗い影を落とすことになった。

Yの父は最後まで「彼らはさぞや無念だったろう。しかし、なぜあんな危険な区域に入り込んだのだろうか。責任感からか…」といぶかり、同僚の胸の内をおもんばかった。

九月一七日、焼津漁港所属の漁船「第十一明神

丸」が、伊豆七島の火山列島に連なる海底火山域での火山噴火を海上保安庁に通報した。翌日早速、同庁は巡視船「しきね」を現地に向かわせた。また、二一日には、東京水産大学（現東京海洋大学）所属の「神鷹丸」が地質調査のため東京港を出航した。向かう先は、伊豆七島の南方、東京から約四二〇キロメートルのところにある「海神礁」。その一帯は直径一五キロメートルはあろうかという海底カルデラのなかにあり、有史以来しきりに噴火している。二三日、海底火山が爆発し、巨大な水柱が視認された。噴煙の高さは二〇〇〇メートルにも及んだ。多くの海洋学者、地震学者らが注目するなか、海上保安庁はすぐさま「第五海洋丸」を現地へと派遣した。同庁測量課長以下のスタッフ、乗組員の計三一人が同船した。

「あの船も、いまにして思えば気の毒なことだ」

Yはそう言うと、手にした杯をあおった。

「第五海洋丸」は日本帝国海軍が建造した海洋測量船六隻のうちの一隻で、外見はトロール漁船にそっくりと言われた。戦争末期には特攻艇「震洋」や小型特攻潜水艇「海龍」などの特攻船隊の指令艇となり、戦後、一九五〇年に創設された海上保安庁の所属調査船となった。

二三日一〇時〇〇分、東京港を出航。二四日一二時三〇分、定例報告を最後に連絡途絶。二五日、巡視船の「むろと」、「げんかい」、「しきね」、「こうず」、「たまなみ」、「第四海洋丸」、民間航空会社や新聞各社の航空機、米国海・空軍などによる捜索開始。二七日、洋上を漂う物体群を発見―発見された漂流物は、木造船体の残骸、ブイ、樽や桶、救命艇、甲板梯子など、「第五海洋丸」の遭難を推測させるものだった―。

一〇月六日、海上保安庁内に設置された第五海洋丸遭難調査委員会は、多数の火山礫が毎秒二〇〇メートルという凄まじい速度で船体右舷後方に食い込んだことを明らかにした。それは最強台風の二倍強というスピードであり、「第五海洋丸」は一瞬にして砕け散ったにちがいなかった。想定外の大噴火であったことは、米国海軍の太平洋岸音響探知装置が同時刻の大きな爆音を感知していたことからも裏付けられた。

　一九九九年八月九日、同海域はようよう危険区域を解除された。

「第五海洋丸のことを考えていたのね。でも、そうした犠牲があって、いまの日本があるのよ」

　夕飯の支度をしていたYの妻が声をかけた。Yの心の内を思ってのことだった。彼女はさらに、「犠牲になった方は日本の誇りです。もちろん、お義父《とう》さんも」と、炊事の手を休めることなく言葉を継いだ。

「まるで、英霊扱いだな」

　Yは、妻の気遣いをうれしく思った。

「そういえば、一〇年くらい前、「みらい」という船が観測航海に行ったんじゃなかった？」

　Yの妻はつねに夫の仕事を意識していたのであろう、日ごろから海や船に関する情報を気に留めていた。

「…たしか、エルニーニョ現象とかサイクロンの解明のための観測だったたね」

　二〇〇六年一〇月、海洋地球研究船「みらい」が、赤道域のインド洋から太平洋に移動する巨大な雲を観測するための航海に出た。国立研究開発法人海洋研究開発機構（JAMSTEC）が所有する研究船で、全長一二八・五メートル、全幅一九・〇メートル、最大速度一六ノット、四六人の研究員と三四人の乗組員が乗船した。ちなみに、海上保安庁が一九七四年の「海上における人命の安全のための国際条約」の規定で備え付けが義務付けられている海図の作成に必要な海洋科学調査、自然災害予測や海洋環境保全のための調査をするのに対し、JAMSTECは「平和と福祉の理念に基づき、海洋に関する基盤的研究開発、海洋に関する学術研究に関する協力等を総合的に行うことにより海洋科学技術の水準の向上を図るとともに、学術研究の発展に資すること」を目的としている。

「ところで、「みらい」って、その前は原子力船「むつ」だったんだ」

　Yは、もはや「第五海洋丸」の悪夢から覚めていた。

「知らなかった…。そういえば、「むつ」って、最近まったく耳にしないわね」

Yの妻は、夫がいつもの夫に戻ったことに安堵した。

Yが言うとおり、「みらい」の前身は、かつて放射線漏れという悪しき事故を起こした原子力船「むつ」である。その事故は一九七四年九月一日、青森県尻屋岬東方約八〇〇キロメートルの洋上で起こった。マスコミは「原子力船むつ、放射能漏れ！」と大きく報じ、地元住民からは一斉に反対運動がおこった。そのため、一九六九年六月に進水し大湊港を定係港とする原子力船「むつ」は故郷に帰ることなく、国内の港を彷徨することになった。そもそも、生まれも難産だった。政府が大手造船七社に声を掛けるも低予算のために入札は不調に終わり、結局は日本造船工業会の斡旋で船体は当時の石川島播磨重工業、原子炉は三菱原子力工業が担当することになった。全長一三〇・四六メートル、全幅一九・〇メートル、最大速度一七・七ノット、八二四二総トンで、耐座礁・耐衝突・耐浸水の頑強な船体と航海能力を誇った。

一九八〇年、放射線漏れ問題調査委員会が「むつは改修すれば十分に再生できる」と報告したことを受け、「むつ」は佐世保に入港した。放射線遮蔽改修工事と安全性総点検補修工事が施され、一九八八年、「むつ」は青森県むつ市の関根浜港を新たな定係港として再出発を図ることになった。そして、一九九二年、不遇の宿命は終焉のときを迎える。原子炉が撤去され、前部船体は石川島播磨重工業東京第一工場、後部船体は三菱重工業下関で改造工事が施され、最終的には石川島播磨重工業で合体され、一九九六年八月二一日、「むつ」の二度目の生命が高らかに鼓動を打った。その間の技術陣の苦労は並大抵のことではなく、まさに世界に冠たる日本造船の質の勝利といってよかった。

海洋科学研究センターが新たな主人になった。現在のＪＡＭＳＴＥＣである。「みらい」という新たな名前も与えられた。耐座礁・耐衝突・耐浸水という船体と航海能力から、「みらい」はわが国が誇る大型海洋地球研究船としての新たな活動の場を与えられた。そこには、かつて浴びせられた冷たい視線や罵声はなかった。

「そろそろ、ご飯になさったら」と妻に言われ、「第五海洋丸の事故は不幸なことだったが、先人の思いは確実に引き継がれている、ということだな」と独言を吐き、Ｙはその夜の最後の杯を乾した。

【参考文献】

大内建二『海難の世界史─交通ブックス２１３』成山堂書店（二〇〇二年）
ロム・インターナショナル編『海図─面白くてためになる海の地理本』河出書房新社（二〇一五年）

南極探検―アムンゼンとスコット

一五世紀末に始まる欧州諸国による地球上の地理的探検―（内陸部や高峰踏破などは別にして）絶海の孤島、新航路や荒れ狂う海峡の発見など―は、つねに「船」をパートナーとした。多くの探検家が、富と名声をもとめて波濤に漕ぎ出した。個々の活劇は他書に譲ることとし、ここでは極地探検の歴史について簡単に触れておきたい。

北極点（北緯九〇度）に人類で最初に到達したのは米国人探検家のロバート・ピアリーで、一九〇九年四月六日のことであった。ルーズベルト大統領の知遇を得たことで名付けられた「ルーズベルト号」と補助船「コリック号」での快挙であり、このとき、ピアリーはすでに齢五〇を過ぎていた。

ピアリーの北極点到達のニュースは、著名なふたりの探検家、ノルウェーのロアルド・アムンゼン（一八七二～一九二八）、英国のロバート・スコット（一八八三～一九一二）の探検人生を大きく変えた。北洋における北西航路の開拓に成功（一九〇三～五。「ヨーア号」（四七総トン））しすでに有能な探検家として世界的に知られていたアムンゼンは、ピアリーが北極点に到達したことを知り、急きょ目標を南極に変更した―世界に誇る日本人探検家、白瀬矗もそうであった。白瀬は東郷平八郎元帥が命名した「開南丸」（二〇四総トン）で南極に挑み、一九一二年一月二八日、南緯八〇度五分・西経一五六度三七分の地点に到達した（木原知己『波濤列伝』海文堂出版（二〇一三年）第18話参照）―。そして、そのことが、スコットの運命に大きな影響をあたえた。当時の南極はキャプテン・クックなどの探検によってその存在は知られていたが、人類が到底近づけない地と思われていた。遠目に眺めることはあっても、上陸、ましてや南極点までの探検など考えられないことだったのである。しかし、科学探検を進めたい英国は、スコットにその難業の達成を期待した。スコットは「テラ・ノヴァ（新しい大地）号」（七四四総トン）で南極に向かい、同じ英国人探検家のジェームス・ロスが発見したロス海に投錨した。スコットは温厚な性格で、基地のなかはいつも和気藹々としていたという。

しかし、アムンゼンが「フラム号」（四〇四総トン。ノルウェー国王・国民の支援で建造された耐氷木造スクーナーで、最初、グリーンランド探検で知られるフリットヨフ・ナンセンが本船で北極探検に出た）で同じロス海の東端に来ていることを知り、空気は一変した。かくして、ふたりによる南極点（南緯九〇度）をめざす壮絶な競争の幕が切って落とされ、それは、明暗が分かれる結末を迎えた。アムンゼン、一九一一年一二月一四日、南極点到達。スコット、一九一二年一月一七日、南極点到達。スコットはノルウェーの国旗がはためく光景に愕然とし、帰路、「（前略）これ以上筆がとれない。R・スコット。神よ、われわれの家族の上を見守りたまえ」と日記に書き残し、悲壮な最期を遂げた。

　ふたりの運命をわけたものは何だったのか。アムンゼンが成功した要因として強固な意志、歴史や経験を踏まえた周到な準備、そしてそれを確実に実行したことが挙げられるが、スコットにしても、経験がやや不足していたとはいえ極地探検家としての心構えや準備はできていた。アムンゼンは犬橇をうまく使い、しかも努めて冷徹にそれらの犬を食糧としたのが良かったとも言われている。一方、心優しい海軍軍人のスコットはそうしたことができなかった。しかし、そのことを以てスコットは探検家として未熟だったと批判するのはあまりに後講釈が過ぎる。厳しい状況下に身を置いてまで貴重な記録や資料を数多く残したのであり、（判官びいきではないが）それだけでも彼の挑戦は評価されていい。スコットの死出の空間は、性格さながらに整然としていたという。


【参考文献】

長澤和俊『世界探検史』講談社（二〇一七年）

第27話

洞爺丸の遭難
世界海難史に刻まれる大惨事

一九五四年九月二六日夕刻、台風一五号が猛威をふるうなか、青函連絡船「洞爺丸」（三八九八総トン）が函館港外でSOSを発したのち沈没した。死者は乗客・乗員計一三一四人の九割弱にあたる一一五五人にのぼり、それは、一九一二年四月に起きた「タイタニック号」（四万六三二八総トン、死者一五一三人）の事故を髣髴させた。

「洞爺丸」は一九四七年に三菱重工神戸造船所で建造された、全長一一八・七メートル、全幅一五・八五メートル、最高速度一七・四ノット、旅客定員一一二八人の国鉄（当時）所有船で、一等から三等までの客室を備えていた。一九五三年には、昭和天皇のお召船にも指定された。当時としては最新のレーダーを装備し、その美しい姿から「海峡の女王」とも呼ばれた。

台風一五号の犠牲は「洞爺丸」のそれだけではなかった。ほかの連絡船（「第十一青函丸」（三一四三総トン、死者九〇人）、「北見丸」（二九二八総トン、同七〇人）、「十勝丸」（二九一二総トン、同五九人）、「日高丸」（二九三二総トン、同五六人））も狂瀾怒涛の海に沈み、五隻合わせた死者数は一四三〇人にも及んだ。

各連絡船には乗組船長と専属船長がいたが、この日、「洞爺丸」の船長はふたりとも休暇を取っており、経験豊富な予備船長、近藤平市がその任に就いていた。一九〇一年生まれ。鳥羽商船学校航海科を卒業し、一九二四年から連絡船に乗船している船長歴一三年のベテラン船長で、定年退職まであと一年を残していた。声高に自説を主張することはなかったが、一度こうと決めたら頑として譲らない性格だったという。部下が失敗しても決して叱ることはなく、部下からの信頼はすこぶる厚かった。〝天気図〟とあだ名をつけられるほど気象に詳しかったが、そのことが災いし大惨事を引き起こすことになろうとは…。運命のいたずらとしかいいようがない。

午後二時四〇分、台風接近のためいったんは出港を見送った。ところが、気象予報に長けた近藤は風が弱まったのをみて台風はじきに通り過ぎると判断し、午後六時三〇分の出港を決めた。国鉄の幹部が東京本社での会議に出席するため乗船することになっており、欠航させるわけにはいかないと考えたのかもしれない。それとも、国鉄幹部から何らかの強要があってのことだったか…真実は杳として知れないが、いずれにしても、午後六時三九分、「洞爺丸」は台風がまだ西方の海上にあるとも知らず函館港を後にした。

出港後にわかに風が強まり、瞬間風速は秒速五七メートルを記録した。台風が、予想に反して函館港を直撃したのである。激浪のなか、「洞爺丸」の両エンジンが停止。近藤は座礁させることを決断し、乗客に救命胴衣を着用するよう指示した。

（これで、とりあえず助かった）

近藤はそう考えた。しかし、函館湾内の七重浜（北斗市）に座礁したはずが、そこは、砂が移動して一時的にできた浅瀬だった―浜からわずか七〇〇メートルほどの沖合―。午後一〇時四三分、車両甲板から浸水が始まり、「洞爺丸」は波間に沈んだ。

「洞爺丸」の転覆を最初に視認したのは、貨物船「第六真盛丸」だった。同じころ、船から脱出した遭難者が七重浜に流れ着く姿が確認された。「洞爺丸」の沈没は人々の知るところとなり、すぐに救助活動が開始された。しかし、深夜の事故ということもあり、救出作業は翌朝を待って、ということになった。

世間、なかんずく遺族の多くは、台風のなか無理に出港させた船長を非難した。近藤船長夫人は心を痛め、連日のように遺体収容所に出かけては泣いて詫びた。生き残った乗組員に「船長はブリッジに仁王立ちになり、最後の最後まで指揮していた」と聞かされても世間の非難を一身に受けとめ、夫の遺体はあがらずとも犠牲となった乗客や乗組員の遺体だけは遺族のもとに届くようにと心から祈った。そんな夫人のもとに、夫の遺体があがったとの知らせが届いた。変わり果てた夫は救命具を身につけず、愛用の双眼鏡を左手にしっかりと握りしめていた。

「洞爺丸」が座礁、沈没するなか、自分の救命胴衣をほかの乗客に譲り、自らは溺死した米国人宣教師がいた。名をディーン・リーパー(一九二〇~五四)といい、北海道出張を終えて仙台に向かう途中だった。米国イリノイ州で、三人兄弟のいちばん上として生まれた。実家は大きな農場を経営しており、学校には馬で通った。成績は優秀で、ブラスバンド部、弁論部、演劇部などで活躍した。一九三八年、実家の後を継ぐべくイリノイ大学農学部に入学。太平洋戦争がはじまるなか同大学を卒業し、学生伝道団の主事に選ばれた。全米中の学生にキリスト教を説いてまわるうち、アジアからの留学生と知り合い、祖国が日本に蹂躙される不安にさいなまれる彼らの苦悩を知った。一九四四年、米国海軍の召集を受け、成績優秀という理由でコロラド大学にて日本語と日本文化の研究を命じられた。その後、海軍を除隊し、エール大学で前々から関心のあった中国語を学ぶようになった。ところがすぐに、今度は陸軍に召集され、ミシガン大学の日本語学校に送られた。リーパーの脳裡に、日本が強く意識されていった。

そして、一九四八年一二月二八日、米軍艦船「ジェネラル・ゴルドン号」ではじめて日本の地に降り立った。妻、長男、航海途上のハワイで生まれた次男もいっしょだった。動揺する乗客を少しでも落ち着かせようと、リーパーはラウンジの一角で手品をはじめた。

「さぁ、いらっしゃい、いらっしゃい」

ハンカチからトランプを出したり消したり、ひらひら舞わせたり…。リーパーのおどけた仕草も相まって、「洞爺丸」の船内に笑みがこぼれた。そんな父について、のちに弁護士となった彼の次男は、遭難事故の三〇年後に来日した折、「父の死は決して無駄ではなかった」としみじみ語った。宗教家としての本望を全うした、と考えたのかもしれない。遺体があがらないまま―リーパーの遺体は、事故から二週間経ってようやく見つかった—、葬儀が九段の富士見町教会で執り行われた。同事故で亡くなったカナダ人宣教師もいっしょに追悼された。葬儀ののち、夫人は幼子三人を連れ帰国していった。機内で泣き崩れる夫人のおなかには、新たな命が宿っていた。そののち夫人は大学教授と再婚し、ウィスコンシン州の州議会議員として平和活動に尽力した。日本に住む長男も母と同じく平和活動に従事し、次男は米国で弁護士となり、日本で生まれた長女は牧師と結婚して難民支援に尽くし、リーパーがその腕に抱くことの叶わなかった三男もまた、建築家になったのち兄や姉にならって平和活動に心血を注いだ。かくして、リーパーのＤＮＡは確実に受け継がれていった。

　世界海難史に刻まれる洞爺丸事件は九月二八日付「ロンドン・タイムズ」の一面で報じられ、哀悼の意を表する旨の電報が世界中から日本国政府に寄せられた。

　洞爺丸事件は安全神話に胡坐をかいていた国鉄に猛省をうながし、青函トンネル掘削の実現に向け世

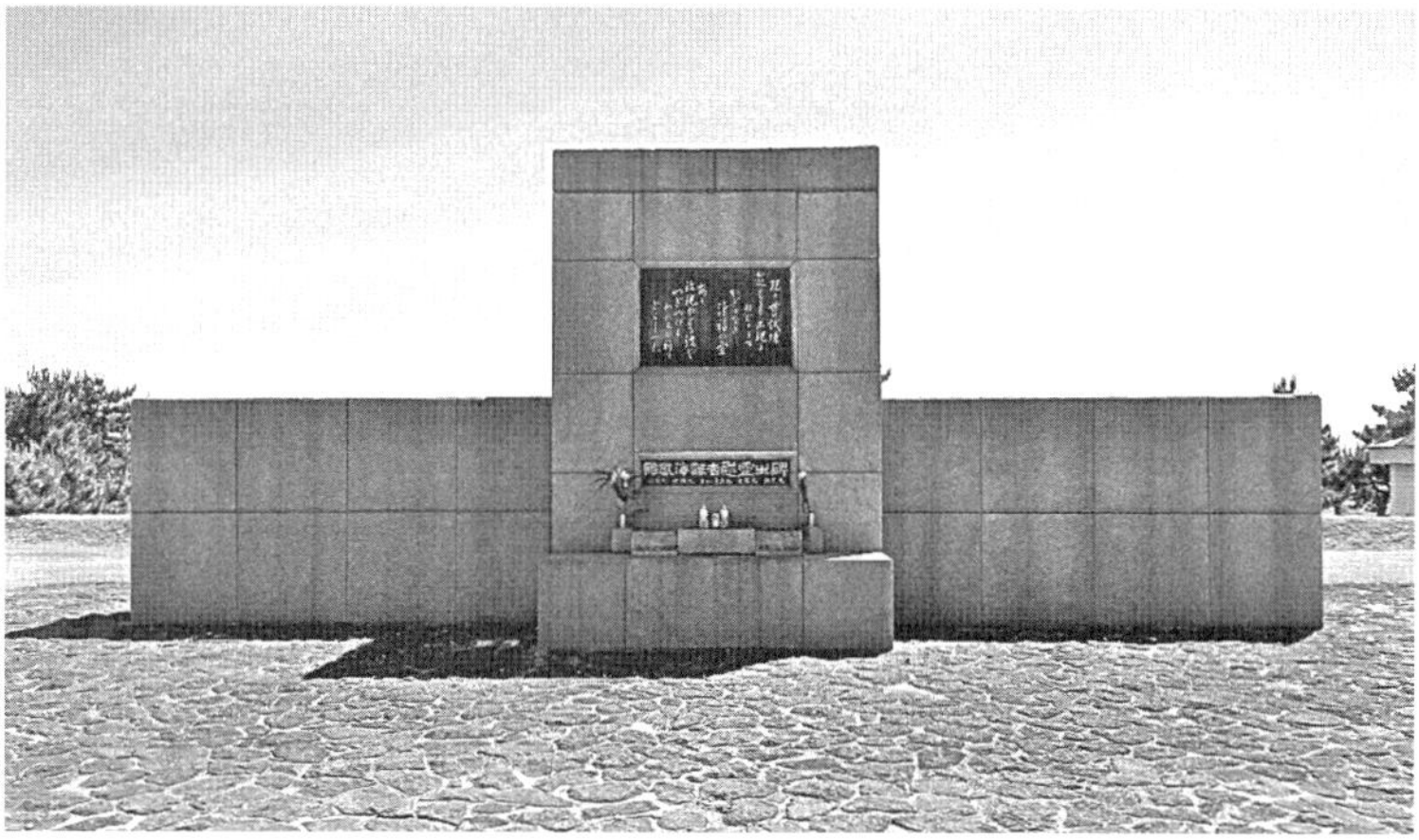

北斗市七重浜にある「颱風海難者慰霊之碑」（筆者撮影）

論を大きく動かした。そしてついに、一九九八年三月一三日、全長五三・八キロメートルの青函トンネルが開通した。しかし、その華やかな舞台の裏で、同日夕刻、連絡船「摩周丸」が最後の航海（一五時〇〇分青森出港、一八時五〇分函館入港）を迎えていた。それは、八〇年もの間北の地に息づいた青函連絡船の終焉であり、地球一〇〇周に相当する航跡の終着点であった。

【参考文献】

田中正吾『青函連絡船洞爺丸転覆の謎―交通ブックス211』成山堂書店（二〇〇一年）
上前淳一郎『洞爺丸はなぜ沈んだか』文藝春秋（一九八一年）
別冊宝島『戦後日本の大惨事100―死者多数の災害・事故を徹底検証！』宝島社（二〇〇五年）
篠輝久『残されたもの―ディーン・リーパー物語』リブリオ出版（一九八九年）
森下研『ひびけ愛 北の海をこえて―洞爺丸とともに波にきえたディーン・リーパー』ＰＨＰ研究所（一九八八年）

タイタニック号惨劇における「心震わすものがたり」

一九一二年四月一四日深夜から翌日未明に起きた「タイタニック号」の沈没事故では、一五一三人―数字には諸説あり―もの尊い命が失われた。この海難史上に残る悲劇は映画にもなり、世界中で多くの人が涙を流した。

人口に膾炙するこの惨劇では、自分の救命具を婦人に手渡し自らは海に沈んでいった六等航海士など、多くの感動譚が残されている。しかし、わたしたちにもっとも深い感動を与えるのは、ある1シーン、楽団が沈みゆく船の甲板の上で演奏を続ける光景かもしれない。それは、バンドマスター、W・H・ハートリーの発案だった。彼らは、パニックに陥っている乗客を落ち着かせ、少しでも心を癒そうと演奏を最後まで続けた―楽団員全員溺死―。

NHKBS放送「アナザーストーリーズ」(二〇一七年七月三日放映)を視ていて、改めて心震わされた。最後(最期)の曲、讃美歌「主よ、御許に近づかん(Nearer, My God to Thee)」―助かった乗客にとって、それは不滅のレクイエムだった―を演奏する楽団員のなかに、当時二一歳のバイオリニスト、ジョック・ヒュームがいた。彼には同い年の恋人(メアリー)がおり、彼女はジョックの子を身ごもっていた。ジョックは意識が薄れゆくなかで、愛しいメアリー、そしてまだ見ぬわが子のことを思ったにちがいない。しかし、そんな彼の思いを、同じ音楽家である彼の父親は理解しようとしなかった。貧しい家の出であることを理由に、メアリーと生まれたばかりの女の子を認めようとしなかったのだ。メアリーはジョックとの思い出を糧にひとりで育てることを決心し、そして、立派に育て上げた。

讃美歌「主よ、御許に近づかん」…この物悲しくも心鎮まる旋律は、わたしが視る度に涙するアニメ『フランダースの犬』のなかで、心優しいネロとネロを慕う愛犬パトラッシュが天使に迎えられるシーンでも流れている。

多くの船が行き交った函館

函館は、楽しい港町である。

函館を訪れる人は、まずは函館山をめざすにちがいない。山頂からの眺め、眼下に広がる函館港の景色は過ぎ去った日々を幾層にも刻み、さまざまな人々の暮らしを幾重にもはらんでいる。函館山の頂から見る夜景は有名だが、昼間の景色もまたいい。取材で行ったちょうどその日、あるお笑い芸人の一行がテレビの収録で来ており、観光客数人がいっしょに記念写真を撮っていた。一方、わたしはといえば、山頂から「洞爺丸」が沈没したと思われる沖合、それに、かつて妻が支綱切断させていただいた造船所の写真を撮るのに余念がなかった。

函館山山頂から、一路、北斗市の七重浜にある「颱風海難者慰霊之碑」をめざした。日帰り温泉の広い駐車場に車をとめ海の方を見やると、慰霊碑、そしてその先に「洞爺丸」が沈んだ地点を指し示す案内があった。

（この先、七〇〇メートルか…）

その日の波はおだやかで、あの日（一九五四年九月二六日）、台風で海がどれほど荒れたのか――慰霊碑には、〝狂瀾怒涛〟とある――、想像すらできなかった。

青函連絡船に関しては、「函館市青函連絡船記念館摩周丸」は欠かせない。一九〇八年、「比羅夫丸」、「田村丸」の就航をもって国鉄（当時）直営の青函連絡航路が開設されて以降、長きにわたり函館と青森を結んだ。そして、その歴史は、洞爺丸事件を契機として企画された青函トンネルの開通によって、一九八八年三月一三日、「摩周丸」の最終運航をもって幕を閉じたのである。同記念館は、その「摩周丸」を産業遺産として保存、展示している。記念館にいくと、その「摩周丸」の実物を目にし、触れることができる。この「摩周丸」は、じつは二代目である。初代「摩周丸」は「洞爺丸」と同型船で一九四八年に就航し、一九六五年、二代目が竣工した。八三〇〇総トン、全長一三二メートル、全幅一七・九メートル、旅客定員一二〇〇人、速力一八・二ノット、主機関は一万二八〇〇馬力のディーゼルエンジン、函館・青森間（一一三キロメートル）を三時間五〇分で結んだ。「摩周丸」のなかに入ってみた。ブリッジは当時のままであり、自由に見学でき、舵輪などに触ることもできる。甲板にでると、「摩周丸」のアンカーチェーンの実物が置かれていた。鎖の直径は六・二センチメートル、鎖一個の重さは二一キログラム、アンカー自体はなんと約四トンという重さである。

かつて、函館は「箱館」であった―函館になるのは一八六九年―。一八世紀末、北の豪商、高田屋嘉兵衛（一七六九～一八二七）によって港湾の整備、道路改修、植林、開墾、防火用井戸の設置、造船所（船作業場）開設などがすすめられ、人口三〇〇〇人ほどの寒村は港町として発展していった。そのため、嘉兵衛は「箱館の開祖」などと呼ばれている。淡路島の貧しい農家に生まれた嘉兵衛は、のちに船に興味を持つようになった。五人の弟と協力し、一七九六年、「辰悦丸《しんえつ》」（一五〇〇石積み）の船持船頭となり、そののちトントン拍子で出世していった。一七九八年、嘉兵衛は近藤重蔵に頼まれて国後島、択捉島航路を開き、そののち多くの漁場を開拓した。ところが、一八一二年、国後沖を航行中にロシア船に拿捕され、カムチャッカに連行されてしまう。しかし、明日をも知れぬ境涯にあって嘉兵衛は必死にロシア語を学び、当時松前藩に幽閉されていた元ロシア軍艦船長のゴロウニン―あるいは、ゴロブニン。『日本幽囚記』を著した人物―との交換で帰国を

北海道根室に建つ高田屋嘉兵衛の銅像（筆者撮影）

果たした。体調をくずし、事業を弟に譲ったのちは故郷の淡路島に隠棲、歳五九で永眠。そうした嘉兵衛に関する資料が、金森赤レンガ倉庫群近くの「箱館高田屋嘉兵衛資料館」に保存されている。「辰悦丸」の模型も目にすることができ、海の男―司馬遼太郎『菜の花の沖』の主人公―を知るにはもってこいである。

箱館高田屋嘉兵衛資料館の近くで画然たる存在感を示している金森赤レンガ倉庫は誰もが知る観光地だが、船関係の資産としても外すわけにはいかない。函館市公式観光情報(http://www.hakobura.jp)によれば、長崎から函館にやってきた渡邉熊四郎が、一八八七年、既存の建物を買い取り営業倉庫業に乗り出したのがはじまりで、輸入雑貨や船具などを保管していたという。その後、一九〇七年の大火で倉庫が焼失し、その二年後に再建されたのがいまの倉庫群である。大火はものすごかったようだ。強風のなか、断水という不幸も相まって二三〇〇戸もの家が灰燼に帰し、ひとり(女性)の犠牲をだした。いまや、赤レンガ倉庫群には多くの飲食店や土産物屋がひしめき、あたかも一大ショッピングセンターの様相を呈しているが―取材の日、台湾からの団体客が多く目についた―、倉庫群を抜けて運河が海に流れ込み、何艘かのクルーズ船が波間に浮かび、運河沿いのカフェが文化の香りを漂わせるなど、

金森赤レンガ倉庫。中央奥には函館山が鎮座する(筆者撮影)

赤レンガ倉庫と運河（筆者撮影）

港の風情を醸し出していてじつに心地よい。

海辺の空気を鼻孔におさめ、「号丸譚」の取材は完了した。（おわった！）…ほっとして路傍のベンチに腰をおろすと、いっぱしの旅行作家にでもなったかのごとくおいしいものが食べたくなった。月並みながらガイドブックで近隣の人気店を調べ、足をはこんだ。その店は、雲丹《うに》の専門店だった。三食丼とノンアルコールビールを十分に堪能し、その日の宿がある大沼公園へとハンドルをきるべく店を出た。

ほかに行くべきところは…。貸し切り状態の露天風呂に浸かりながら、東京に帰る日―翌日なのだが―の夕刻までをいかに過ごすかを思案した。しかし、いっこうに妙案が出てこない。松前、江差まで足をのばそうかとも考えたが、当地はあまりにも遠い。考えた挙句、「函館市灯台資料館」、「恵山岬灯台」がある、函館東部の恵山《えさん》（標高六一八メートル）に行くことにした。

翌朝、太平洋岸へと車を走らせた。海岸線に出て右折ししばらく行くと、「しかべ間欠泉公園」という看板が目にはいった。しかべは鹿部と書き、温泉の源泉が多いところだという。一九二四年、温泉を掘っていて、その間欠泉はみつかった。交通の便が悪く、観光客は少ないとのことだったが、約一〇分間隔で吹き上げるさまを間近で見られ、その迫力は感動ものだった。

美しい恵山岬灯台。恵山は右手になる（筆者撮影）

延々と海沿いを駆り、ようやく恵山岬に建つ灯台資料館に着いた。灯台資料館（愛称「ピリカン館」）は灯台を扱うユニークな資料館で、灯台のしくみや役割、地元恵山岬灯台の歴史などを学ぶことができる。国内外の灯台の写真も展示されており、存外楽しい。恵山岬沖は北洋航海の難所で、先に紹介した高田屋嘉兵衛も関係している。嘉兵衛は函館から東蝦夷（日高、根室）へと帆に風をうけ、さらに北洋へと海路を広げた。恵山火口原に嘉兵衛が建てたとされる「十一面観音像」があるとガイドブックにあったが、残念ながらそれを拝むだけの時間、体力はなかった。（嘉兵衛はこの荒れ狂う海を小さな和船で行き来したのか）と感慨にふけりながら、灯台資料館の展望フロアから、うまいこと風に乗って空に舞うウミネコの群れに目をやると、右手奥には、恵山岬灯台が霊峰恵山を後背に白く反射していた。「日本の灯台五〇選」にも選ばれているだけあって、じつに絵になる灯台である。

元寇（蒙古襲来）

伊万里湾に浮かぶ鷹島（長崎県松浦市）に行ってきた。元寇関係の水中遺跡が眠る神崎港沖合（国指定の史跡）をこの目におさめたいとおもったからだが、ときは折しも、モンゴル出身の大相撲力士による暴力問題がクローズアップされている九州場所の開催中であった。

元寇とは、文永・弘安の蒙古襲来のことである。巨大帝国（元）を築き上げたフビライ・ハンが日本に使者を送ってきたが、ときの鎌倉幕府執権の北条時宗はそれを黙殺した。怒ったフビライは、一二七四年、大小合わせて九〇〇隻の軍艦、兵力約四万人で日本攻撃を仕掛け、対馬において守護宗助国八〇騎、壱岐では守護代平景隆一〇〇余騎を全滅させた。松浦党も蹂躙された。無残にも男は斬られるか生け捕りにされ、女は暴行された挙句手にあけられた穴に縄を通され船につながれた。元軍は博多を制圧したのち大宰府をめざすも道半ばで断念し、高麗に向けて帰る途中で台風（神風）に遭って約三分の一の兵をうしなった。フビライはあらためて使者を送った。が、二度まで送った使者が斬られたために、再度の派兵を決めた（一二八一年）。それは、東路軍、江南軍合わせて戦艦四四〇〇隻、兵の数約一四万人という大掛かりなものだった。鎌倉幕府側が防塁を築くなどしたため、鷹島に集結しあらためて博多を目指そうとした。しかし、日本側はそれを夜襲し、そうこうするうちまたしても大風（神風）が吹いて元軍の大方は海の藻屑と消え、わずかに残った兵は斬るか、捕虜にした。

二度目の神風は、ある分析では「洞爺丸」が犠牲になったときの台風と同規模とされている。ちなみに、元軍戦艦

多くの元軍軍艦が沈んだ鷹島神崎港の沖合（筆者撮影）

のことだが、母艦用の大型船、上陸用の小型船、水汲船の三種類があり、鷹島沖で引き揚げられた碇（正しくは、木へんに定）の大きさから、大型船の大きさは全長約四〇メートル、幅約一〇・七メートルであると推測される。

【参考文献】

長崎県松浦市教育委員会「鷹島—蒙古襲来・そして神風の島」
鈴木亨『日本合戦史１００話』立風書房（一九八九年）

第28話

紫雲丸の悲劇

多くの児童の命を奪った宇高連絡船

「洞爺丸」の悲劇の翌年、またしても旧国鉄が絡む悲劇が起きてしまった。宇高連絡船「紫雲丸」の海難事故であり、それは、多くの子どもたちの命を奪うという凄惨なものだった。

宇高航路は岡山県玉野市宇野と香川県高松市を結ぶ航路で、一九一〇年六月、二二四総トンの「玉藻丸」と「児嶋丸」をもって開始された。太平洋戦争後の復興第一船として、兵庫県相生市の播磨造船所（現在のジャパンマリンユナイテッド）で「眉山丸」、「鷲羽丸」とともに建造されたのがこの「紫雲丸」（全長七六メートル、全幅一三・二メートル、一四四九総トン）である。船名は、国の特別名勝、栗林公園を見下ろす標高二〇〇メートルの紫雲山からとられた。

一九四七年七月六日、「紫雲丸」は宇高航路に就

紫雲山（筆者撮影）

航した。一九五〇年三月二五日、七二人の乗組員を乗せて高松から宇野に向かう洋上、「紫雲丸」は姉妹船の「鷲羽丸」と衝突し、沈没した。うち六五人は助けられたが、七人が犠牲になった。船長の三谷市春は船と運命を共にし、機関長もまた最後の最後まで機関室で奮闘し海深く沈んでいった。

沈没から一ヶ月ほど経った四月二七日、「紫雲丸」は引き上げられ、播磨造船所で修繕されたのち現役復帰した。一四八〇総トンとやや大きくなった同船を見て、世上は一四八〇をもじり、「イツシヌヤラ(いつ死ぬやら)」と噂し合った。さらには、字画数の二六が〝大凶〟を意味すると忌み嫌い――紫は一二画ではなく一一画としている――、それはあの「洞爺丸」と同じだと言い合った――爺の父にある筆押えを一画としている――。それでなくても、人々は〝死運〟丸と陰口をたたいた。しかし、再起なった「紫雲丸」には、一九五三年一〇月二一日、二六日、天皇皇后両陛下が乗船され、汚名は雪がれたといっていい。

一九五五年五月九日早朝、木江町立南小学校(現在は大崎上島町立木江小学校)の児童九七人、引率教員七人の計一〇四人が大崎上島の港に参集していた。待ちに待った修学旅行だった。これから、四国の金刀比羅宮、栗林公園、屋島などをまわるのである。同じころ、松江市の市立川津小学校の児童五八人、引率教員五人、それに付添い三人の計六六人も修学旅行の途次にあった。松江から米子経由で岡山にはいり、宇野港からは「眉山丸」に乗船するという行程。白い船体に黄色い二本の煙突の「眉山丸」の船上から〝鬼が島〟とされる女木島をながめ、一〇時間かけて高松に着いた。行き先は、先の木江南小学校とほぼ同じだった。みやげ物屋では、酒を飲んではよく殴る父に、少ない予算のなかから喫煙パイプを買う児童もいた。

同年五月一一日、たくさんの楽しい思い出とみやげ物をかばんいっぱいに詰めこみ、修学旅行は最終日を迎えた。午前六時四〇分、「紫雲丸」は高松港をでた。定員数、二等客室二六〇人、三等客室一四〇一人のところ七八一人が乗っており、一七〇人は先の修学旅行関係者だった――児童は一五五人――。その日、愛媛県の三芳町立庄内小学校(現在は西条市立庄内小学校）の修学旅行関係者八三人―うち、児童は七七人―、高知市の市立南海中学校の修学旅行関係者一二一人―うち、生徒は一一七人―も乗り合わせていた。つまり、その日、「紫雲丸」には、児童、生徒合わせて三四九人が乗っていたことになる。

宇高航路の物流が増加したこともあり、国鉄は大型貨車輸送船の導入を決めた。一九五三年四月、三菱重工業神戸造船所で「第三宇高丸」（一二八二総トン、全長七六・三メートル、全幅一四・五メートル）が竣工した。

「紫雲丸」が高松港をでてしばらくして、「紫雲丸」、「第三宇高丸」はお互いを視認した。狭い水道では「左舷対左舷（右側通行）」が原則である。しかし、「紫雲丸」船長の中村正雄は、なぜか舵を左に切るよう指示した。「第三宇高丸」が女木島をめざすと考えたのかもしれない。

―ガガガガッ―

両船は、七〇度の角度で衝突した。「紫雲丸」の右舷側の厚さ七～一〇ミリの外板が縦四・五メートル横三・二メートルにわたって裂け、「第三宇高丸」の船首が三・五メートルほどめり込んだ。両船とも減速しなかったため、衝撃はすさまじかった。

「きゃあーっ」

「どうなっているんだっ」

現場は、阿鼻叫喚の場と化した。助かる道は、「紫雲丸」の甲板から「第三宇高丸」に飛び移ることだった。泣き叫ぶ児童、それを必死に誘導しようとする教員たち…。

「先生、みやげがはいっているかばんをとって」

多くの児童は、わが身より家族へのみやげ物のことを思った。

「わかったから、はやく逃げて！」

混乱のなか、教員らは懸命に動いた。一度は児童とともに隣船に飛び移ったものの、まだ児童が残っていることに気づき、何のためらいもなく再び戻って波間に消えていった教員もいた。怖がる女生徒を少しでも落ち着かせようとして、あえなく沈んでいった養護教員もいた。「役割性格」というらしいが、危難に際して咄嗟に自己犠牲の行動に出る人がいる。洞爺丸事件で紹介した米国人宣教師、ディーン・リーパーもそうした例であろう。「紫雲丸」の場合も、役割性格から多くの教員が児童らと運命をともにした。しかしその一方で、子供らを蹴飛ばし、自らは助かろうとする大人も少なからずいた。パニックはただの人間を神や仏にもすれば、ケダモノ以下にもしてしまう——(はたして、わたしはどうだろうか)、と、ふと考える——。

船長の中村は、運命を船とともにした。一九七〇年に改正されるまでは「船長は船舶に急迫した危険があるとき、人命、船舶および積荷の救助に必要な手段をつくし、かつ、旅客、海員、その他船内にあるものを去らせた後でなければ、自己の指揮する船舶を去ってはならない。」となっており(旧船員法第一二条)——多少薄れたとはいえ、この精神はいまの船員法第一一条のなかに生きている——、中村もそうした教育を受けていた。

結局、「紫雲丸」の事故による犠牲者は一六八人に及び、うち、児童・生徒は一〇〇人以上を数えた。五月一六日、一二五人——うち、児童一二一人——の犠牲者を出した木江町立南小学校で授業が再開され、二五日、学校葬がとりおこなわれた。校長の片桐が、嗚咽を抑えながら弔辞を読んだ。そして、父兄に詫びた。しかし、そんな校長に、父兄がいきり立つことはなかった。校長もまた遺族のひとりであることを知っていたのである。

神戸地方海難審判庁は「紫雲丸」の中村、「第三宇高丸」の三宅両船長の過失を認定し、第二審の高等海難審判庁も同じ判断をくだした。その結果、(死亡した中村はさておき)三宅は二ヶ月と一五日間の甲種一等航海士の資格停止処分となった。また、高松地方裁判所において業務上過失艦船覆没罪・業務上過失致死傷罪が争われ、一九六一年五月三一日、三宅に一年六ヶ月の禁錮刑(執行猶予二年)が言い渡された。

一方、事態を重くみた国鉄は、一九六三年四月に開かれた本社査問委員会において三宅の六ヶ月減給処分をくだすとともに、長崎惣之助国鉄総裁が当時の運輸大臣、三木武夫に辞表を提出した。

「紫雲丸」はすぐに(一九五五年七月一〇日)引

き上げられ、八月二一日から呉造船所（現在のジャパンマリンユナイテッド）に移された。改修なった「紫雲丸」は「瀬戸丸」と改称され、一一月一六日、何事もなかったかのごとく、ふたたび海上輸送の任に就いた。「鷲羽丸」との衝突によって沈没し、再生したことを思えば、奇跡的な〝二転び三起き〟と言わずしてなんと言おう。

「紫雲丸」の事故は、国鉄の民営化は言うまでもなく、瀬戸大橋架橋への礎石となった――一九七八年着工、一九八八年四月一〇日開通――。そして、大橋開通の裏で、その前日、宇高連絡船は静かにその歴史を終えた。地球を五三二周するほどの、長い洋上の日々だった。「紫雲丸」の事故は多くの幼い命を奪ったじつに痛ましい事故であった。いまとなっては、世界に誇るＪＲの安全性と瀬戸大橋の雄姿をもって供養とならんことを祈るのみである。

【参考文献】
高松洋平『悲劇の紫雲丸―瀬戸大橋の礎になった子供たち』成山堂書店（一九九〇年）

第29話

だんぴあ丸の勇気
「魔の海」に挑んだ海の男たち

一九八〇年一一月二八日、南米チリのガヤカン港で鉄鉱石を積み込んだ「だんぴあ丸」は、一路、茨城県の鹿島港をめざした。

「ことしの紅白歌合戦は家族といっしょにみられそうだ」

二五人の乗組員全員に、しぜんと笑みがこぼれた。「だんぴあ丸」が千葉県野島崎の東南東二〇〇〇キロメートル付近にさしかかったとき、西寄りの向かい風がにわかに強くなった。それでなくても、冬の野島崎沖三〇〇〜五〇〇〇キロメートルの太平洋は「魔の海域」と呼ばれ、バミューダ海域、ベーリング海とならんで世界中の船乗りがもっとも恐れる海域である。海上の波は風によっておこる。波の高さは風速の二乗に比例し、風速が毎秒一五メートルであれば七〜八メートル、風速が毎秒二〇メートルともなれば一二〜一五メートルの高さになるという——風向きが変われば、恐ろしい三角波が発生する。その波は大型船をまたたく間に突き上げ、船底を海面にたたきつける。過去多くの大型船を海深く沈めたのも、この三角波だった——。一九六一年一月、ジャパンライン（現商船三井）所有の「ぼりばあ丸」（三万三七六八総トン）が沈没し、三一人の乗組員が亡くなった。一九七〇年二月には第一中央汽船所有の「かりふぉるにあ丸」（三万四〇〇一総トン）が沈没し、ニュージーランドの「オーテアローン号」（四六七〇総トン）がのちに英国のエリザベス女王が勲章を贈るほどの勇気ある救助にあたるも五人が犠牲となった。当時にあって、過去一八隻の大型貨物船が海に飲みこまれ、一五〇人以上の尊い命が失われていた。そのことを、「だんぴあ丸」の乗組員たちは知っていた。さしもの大型船（一九六九年浦賀重工業（現在の住友重機械工業）浦賀工場建造。九万六六一一ＤＷＴ（五万四五二一総トン））とはいえ、「だんぴあ丸」が強風のこの海域を切り抜けるのは相当難儀に思われた。

「紅白歌合戦は無理かもしれんな」

船長の尾崎哲夫がつぶやいた。

尾崎はたたき上げの船長だった。軍人だった父が戦死し、幼い弟や妹を養うため中卒で船乗りになろうと決めた。上の兄が船乗りということもあった。一九五〇年、佐賀県唐津市の海員養成所（一九五二年に国立海員学校に改称。現在の国立唐津海上技術学校）にはいった。海員養成所は高等船員を養成する高等商船学校などとは違い、短期間での船員養成を目的としていた。尾崎は甲板科で一年間学んだ。五番の成績で卒業し、第一汽船（一九六〇年に第一中央汽船となった）の一員となった―海員養成所卒業成績上位一番～三番は大阪商船、四番と六番は日本郵船にはいった―。甲板員として、それこそ独楽鼠のように働いた。しかし、決して笑顔は忘れなかった。それは、彼の信条だった。（ぜったいに船長になる）…尾崎は、そう心に誓った。一九五七年、尾崎は会社の厚意で海技専門学院（一九六一年、海技大学校に改称）に入学し、翌年の卒業と同時に三等航海士の海技免状を手にした。卒論のテーマは「破孔と沈没速度」。船体にあいた穴の形状と沈没の関係について論究したもので、そののち彼を助けることになる研究テーマだった。一九六七年、尾崎はついに甲種船長の免状を取得した。

波は、ますます荒れた。一二月二八日、ユーゴスラビアの貨物船が行方不明となった。二九日、インドネシアの貨物船が沈没し、一八人は助かったものの六人が帰らぬ人になった…。耳に入ってくる情報は、「だんぴあ丸」の乗組員たちの不安をますますあおった。

尾崎は低速での航行を決断した。台風にあってはエンジンを止め、波のなすままに任せるのが正しい。尾崎も、経験からそのことは知っていた。しかし、（時間を浪費するのは経済的にも避けたい。これで良いのだ）…尾崎は自分に言い聞かせた。そんな矢先、

「船長、たいへんです。SOSを受信しました！」と、二等通信士が船橋にかけ込んできた。三〇日、一三時をまわった時刻だった。

SOS発信は、「だんぴあ丸」からだった。「尾道丸」の南約五〇キロメートルを航海する「だんぴあ丸」は一九六五年の二一次計画造船として日本鋼管（現在のジャパンマリンユナイテッド）鶴見工場で竣工した日本郵船所有のバルクキャリア（五万六三四一DWT、三万三八九四総トン、全長二二六・四メートル）で、米国のアラバマ州からパナマ運河を経由して四国の坂出まで石炭を運ぶ途中だった。大きさは「だんぴあ丸」と比べれば一回り小さかったが、船員は「だんぴあ丸」より多い二九人が乗っていた。

一報を聞いた尾崎は、（この船だってSOSを出したいくらいだ）と洋上をにらみつけた。しかし、見過ごすことはできない。

「全力をあげて救助せよ！」

尾崎は、決断した。

「ただし、ひとりの犠牲者も出すな」

「だんぴあ丸」が「尾道丸」を視界にとらえた。三角波で船首はへし折られているものの、船の傾きはなさそうだ。尾崎は、「尾道丸」にゆっくりはっきり話しかけた。極度に不安がる相手にはそうするのが効果的であることを、彼は知っていた。

一七時三四分、本社の海務部長から、「本船の安全を確保のうえ、ベストをつくして救助に努力されたし」との電報が届いた。

大晦日になった。

午前二時すぎ、第三管区海上保安本部横浜保安部から「尾道丸」に対し、退船時の注意事項が伝えられた。同船には、救命ボート二艘と三点の救命いかだが備えられていた。しかし、風速が毎秒一八メートル、ときとして二五メートルにもなるなかでは、救命ボートは使えそうになかった。

「尾道丸」のなかは限界に近づきつつあった。「尾道丸」船長の北浜が、一刻も早い救出を懇請した。しかし、（この状況での救出はあまりにも危険だ）…尾崎は、波に大きく上下する「だんぴあ丸」をみせることでそのことを相手に悟らせようとした。

年が明け、一九八一年を迎えた。

救出に向けた準備は着々とすすめられた。「だんぴあ丸」の乗組員は自分の下着や上着などを持ち寄り、尾崎は救出したあとのことを考えて風呂を沸かすよう指示し、司厨長には両船総員分の正月料理を用意させた。尾崎は「尾道丸」の船長のことが気になっていた。古い教育を受けた船長であれば、船と運命を共にするのではないか。（旧い海員魂など捨ててほしい）と願った尾崎は、「船長、みんなで祝杯をあげましょう！」と、北浜に無線で話しかけた。それは、重圧とたたかう船長の本心からの呼びかけだった。

未明から、救出劇が始まった。しかし、救命いかだが「尾道丸」から離れようとしない。（別れたくないみたいだな）…見ている者すべてが、そう思った。ようやく離れた。が、波間にその姿が見えない。

「ぜったいに見失うな！」

尾崎が叫んだ。

やっとのことで救命いかだを見つけ、たぐり寄せることができた。しかし、海面から甲板までは五メートル以上もあった—あとでわかったことだが、そこらの海には多くの鮫がいた—。

八時三一分、一人目が救出され、結局、全員が救出された。

九時四二分、海上保安庁警備救難部長から、崇高な同僚愛と高度な技術を称賛する電報が届いた。

一〇時、大井司厨長以下司厨員が丹精込めて用意した正月料理が、五四人全員にふるまわれた。「尾道丸」の乗組員たちは、「だんぴあ丸」の温情に落涙した。

六日、「だんぴあ丸」は漸う鹿島港にはいった。

同年九月、船員関係では異例となる総理大臣賞（当時は鈴木善幸総理大臣）が贈られた。

一九八三年八月。横浜地方海難審判所は、事故は当時解明されていなかった三角波によるもので事実上の不可抗力だったとして、北浜船長に職務上の過失はなかったと裁決した。

NHK制作「プロジェクトX」のビデオをくりかえし視聴し、その度に胸をうたれた。豪州北西部の地、鉄鉱石の積出港として知られるダンピア（Dampier）に因んだ「だんぴあ丸」、その船に乗り合わせた海の男たちが魔の海域でみせた勇気を、わたしたちは決して忘れてはならない。

【参考文献】

尾崎哲夫『魔の海に勝て!』潮出版社（二〇〇三年）

大内建二『あっと驚く船の話―沈没・漂流・失踪・反乱の記録』光人社（二〇〇八年）

ビデオ「プロジェクトX―挑戦者たち」NHK（二〇〇三年五月二〇日放送）

第30話 エクソン・ヴァルデス号事件

ＯＰＡ90（米国連邦油濁損害賠償法）が制定されるきっかけとなった油濁事故

某大学法学部、海商法の授業。教壇に立つT教授が、「一九六七年のトリー・キャニオン号の原油流出事故で、油濁損害賠償についての国際ルールの必要性が叫ばれるようになりました」と、説明を始めた。すると、ひとりの学生が、「先生、そのと・り・ー・な・ん・と・か号の事故ってなんですか」と、質問した。T教授はあきれ顔で、「とりーなんとか号ではなくて、トリー・キャニオン号。リベリア船籍の原油タンカーで、「Torrey Canyon と書きます」と答えながら、黒板に大きくその船の名を書いた。（質問してくるだけまだましかな）と思いつつ、ＤＷＴ（deadweight ton）のこと、リベリアがどこにあって、船籍とはなにか、などについても説明し、「トリー・キャニオン号は、原油一一万七〇〇〇トンを積んで航海中、英国南西端シリー群島で座礁しました。一一万トンを超える原油が流れ出し、周辺国の沿岸を汚染してしまった。この悲惨な事故がきっかけとなって、「海洋汚染防止条約（ＭＡＲＰＯＬ条約）」が制定されたのです」と続けた。

その後も、T教授は淡々と講義を続けた。海洋油濁汚染事故による被害者の損害補償に関連する条約として民事責任条約（ＣＬＣ１９６９。一九七五年に発効し、現在はＣＬＣ１９９２）、国際基金条約（ＦＣ１９７１。一九七八年に発効し、現在はＦＣ１９９２）が成立したこと、わが国はこれらの条約を批准し、一九七五年、油濁損害賠償保障法（現在は、船舶油濁損害賠償保障法）が国内法として制定されたこと、タンカー所有者の責任は厳格責任（無過失責任）とされ、船主責任は制限されるもののＰ＆Ｉ保険などの油濁損害賠償保障契約の締結が義務付けられ、それでも賠償が不十分であれば国際基金に対して請求できることなど、滔々と言葉を継いだ。

じつに興味深く、重要な内容である。しかし、学生たちはただの傍観者と化し、講義が終わった後の予定の確認に余念がない。あまりの無関心さにT教授は、「興味がある人は自分でしらべてください」と禁断の句をはいてしまった。

「なお、米国はもっと厳しいルールを制定した。このことは押さえておくように。米国連邦油濁損害賠償法、通称「OPA（オーパ）90」と呼ばれる法律です」

T教授の説明に、何人かの男子学生がクスクスと笑った。Tは（変な風に聞こえたな）と勘繰り、「どう聞こえたかは知りませんが、OPA90はOil Pollution Act of 1990のことです」と補足し、テキストと六法全書を鞄にしまい込んだ。

海運界ではよく知られているOPA90だが、学生にはまったく関係ない。それより今宵の合コンの方が重要なのだと合点し帰りかけると、思わぬことにひとりの女子学生が教壇に歩み寄り、「米国が厳しい法律を制定したのはそれなりの理由があったからですか」と質問してきたからT教授はおどろいた。一瞬の虚を突かれ、「そう、ちゃんとした理由があるんだ」と詰まりがちに答えた。

潤んだ瞳の、楚々とした女子学生を前に、T教授は嬉々として説明をはじめた。

「一九八九年三月二四日、原油タンカーのエクソン・ヴァルデス号が座礁し、大きな被害が発生したんだ。それが契機となって、米国中で大議論が起こった…」

女子学生の目は輝きを増し、話の続きを聞きたいとTに詰め寄った。彼にすれば、（変わった学生もいたものだ、こんな学生初めてだ）と訝りながらも、教職者として悪い気はしない。ましてや、相手はかわいらしい女子学生である。「自分でしらべなさい」などと、冷めたセリフを吐く心持ちには到底なれない。

がらんとした教室に、ふたりだけの声が響く。

「エクソン・ヴァルデス号」（Exxon Valdez）は、一九八六年、米国のナショナル・スチール社サンディエゴ造船所で建造されたVLCC（very large crude oil carrier）（全長約三〇一メートル、全幅約五一メートル、二一万四八六二DWT）で、エクソン・シッピング社が所有していた。

一九八九年三月二三日、ロングビーチにあるエクソン社の施設に原油を運搬するため、アラスカ湾奥のプリンス・ウィリアムズ湾内にあるエクソン社ノース・スロープ油田で原油二二万トンを積載し、二一時二一分、パイロットが乗り込み、「エクソン・ヴァルデス号」はしずかに離岸した。船長のジョゼフ・ヘーゼルウッドは海上経験がわずか一〇年という、大型タンカーの船長としては異例ともいえる若年者（三七歳）で、同航路の航海に慣れている、ただそれだけが彼の売りだった。

船橋にはパイロットのほか、三等航海士のグレッグ・カーズン、操舵士、それにヘーゼルウッド船長の三人がいた。離岸してすぐレーダースコープに流氷群が映し出され、パイロットはそれを避けるために航路を変更するよう指示し船を下りた。

二三時二九分、船長が三等航海士と操舵士に、「バスビー岩礁の灯光が本船左舷ウイングの真横に見えたら舵を右に四〇度切り、流氷群とブリッジ岩礁の間を抜け、流氷群を抜けたら針路を下り航路に戻すように」とだけ指示し、自室へと退室した。本船が危険な航海域にあったことを考えれば、それは船長としてあまりにも無責任な行動だった。

「彼には強度の飲酒癖があり、一刻も早く自室に帰って一杯やりたかったというのが真相らしいが…」

T教授は顔をしかめ、ヘーゼルウッド船長の非を説いた。すると、女子学生は、「ひどい船長…」と、幾度も首を横に振り、「この船長、船乗りとしてのコンプライアンスシーマンシップをわかっていなかったのですね」と首を傾げた。その様子にTは、「君は、シーマンシップという言葉を知っているんだね」と、嬉しそうにほほ笑み、女子学生がもちろんとばかりに、「海の男（seaman）のスポーツマンシップのようなものでしょうか」と返すと、「うまいことを言うね。ちなみに、seaman は landsman に対峙する言葉で、もとは mariner と呼ばれていたんだ。さてさて…」と説明を続け、話をもとに戻した。

後事を託された三等航海士は、船長の指示にしたがいつつ自分の判断で針路をとった。しかし、どうしてもうまくいかない。

―ガガガッ―

しばらくして、船が何かにぶつかった。三等航海士は、急ぎ船長に電話をいれた。しかし、すべては手遅れだった。

二四日〇時九分、「エクソン・ヴァルデス号」座礁。一一あるホールドのうち、八つの船底に亀裂がはいった。

(これは大事故になる)

連絡を受けたエクソン社は対応を急いだ。しかし、同社は、油濁事故対策をいっさい立てていなかった。この対応の遅れが致命的となり、汚染は広範囲に広がっていった。五〇〇キロメートルにも及ぶ海岸線が汚染され、数万羽の海鳥、おびただしい数の海洋生物が犠牲となった。エクソン社は原油除去のために一〇〇〇隻の船を出し、一万二〇〇〇人を現地に派遣した。しかし、作業は困難を極め、コストも破格にかさんでいった。清掃費用だけで二〇億ドルを優に超え、物的損害賠償、漁民や地元民への損害賠償、さらには高額の懲罰的損害賠償を命じられた―P&I保険などで補填されたのはその二割にも満たなかった―。

一九九〇年七月、米国連邦政府運輸安全委員会は船長の資質と責任感の欠如、エクソン社による不適格乗組員の選定、エクソン社とパイロットとの業務委託契約の不備、三等航海士の未熟さなどが事故の原因であると発表し、ヘーゼルウッド船長に対し、四五日間の公民権停止、懲役六ヶ月、罰金五万一〇〇〇ドルを言い渡した。

八月二日、米国上院において九九対〇、下院において三六対〇の全会一致で連邦油濁損害賠償法が可決され、一二日、G・H・W・ブッシュ大統領が署名した。

「Exxon Valdez号の後の海洋油濁事故としては、Braer号(一九九三年)、Sea Prince号(一九九五年)、Sea Empress号(一九九六年)、Erika号(一九九九年)、Prestige号(二〇〇二年)、Hebei Spirit号(二〇〇七年)など。日本に影響が及んだものとしては、Juliana号(一九七一年、七二〇〇トン流出)、

Nakhodka号（一九九七年、六二〇〇トン流出）などがある…」

T教授による〝私〟的な時間外講義は留まるところを知らない。

「あの～、先生。今日はこの辺で失礼させていただきます。すっごく、勉強になりました」

ブチっ、女子学生がTの説明をさえぎった。

（今日はこの辺で…ということは、次回があるということか）…Tは、彼女の言葉を都合よく解した。女子学生は送迎デッキからたなびく紙テープのような余韻を残し、教室を去っていった。キャンパスの外へと急ぐ彼女の後ろ姿に、T教授は心しずかにエールをおくった。

【参考文献】

大内建二『海難の世界史』光人社（二〇〇八年）

大内建二『あっと驚く船の話―沈没・漂流・失踪・反乱の記録』光人社（二〇〇八年）

中村眞澄・箱井崇史『海商法（第2版）』成文堂（二〇一三年）

建築家を刺激した船の群像――たとえば、ル・コルビュジエの場合

ところは、新橋の飲み屋街。

「乾杯！」

海運会社同期、AとBは、暑気払いの〝とりあえずビール〟を一口含んだ。

「ところで、国立西洋美術館が世界遺産に登録されたね」

「……」

いつもは業界の裏情報かゴルフの話しかしないAの切り出しに、Bは一瞬返事をためらった。

「国境をまたいだ世界遺産登録として話題になったよね」

「そうだったね、じつにめでたいことだ」

「国立西洋美術館は、「近代建築の父」と言われる、ル・コルビ、ビュ、ビュジエが基本設計したんだ」

「ル・コルビュジエだろ。それで？」

「それでって、コルビュジエって言ったら船じゃないか」

「ふ、ふね…」

Bはあまりにも唐突な展開に、言葉がつまった。

Aが何度もかみながら口にした人物、ル・コルビュジエ（Le Corbusier、一八八七～一九六五）はパリを拠点に活躍した建築家で、なかには「フランス正規の建築教育を受けておらず、スイスの山奥から来た山ザルみたいな人」と評する向きもある（隈研吾『建築家、走る』新潮社（二〇一五年））。コルビュジエはペンネームで、本名はシャルル＝エドゥアール・ジャンヌレ＝グリ（Charles-Edouard Jeanneret-Gris）といった。Aが言うように、「近代建築の父」と称される、二〇世紀を代表する建築家のひとりである。

第二次世界大戦後フランス政府の管理下に置かれた「松方コレクション」、ときの川崎造船所社長、松方幸次郎（一八六六～一九五〇）が一九二〇年代に蒐集した絵画類が一九五三年の日仏文化協定の結果、日本に条件付きで返還されることになったのだが、その条件というのが鑑賞、保存に堪え得る美術館の設立だった。しかし、当時の日本にそうした建築技術はなく、先進国に頼るしかあるまいとの判断から招聘されたのがル・コルビュジエだった。

六八歳のコルビュジエが基本設計を担当、それを彼の日本人弟子たちが補佐し、一九五九年、わが国唯一のコルビュジエ作品となる建物（国立西洋美術館）が誕生した。

「コルビュジエが船と関係があるというのか、Aくん」

「そう。コルビュジエは船や飛行機などの乗り物が好きで、とくに船のデザインにすごく惹かれたらしい」

「やけに詳しいね」

Bは意外な一面を見せるAに、戸惑いを隠せない。それに対し、Aは、「いつだったか、横浜の日本郵船歴史博物館で特別展をやっていたんだ。コルビュジエはスイス生まれで、お父さんは時計工だった」と、すでに悦にいっている。

「コルビュジエは海水浴中に死んだとされているんだけど…」

「母、妻を追っての自殺だったという説もあるよね」

今度は、BがAの機先を制した。

「それで、コルビュジエと船の関係は？」

「その前に…大将！」

先を促すBを横目に、Aは冷酒—大のお気に入り、福井の酒・黒龍—を注文した。

Aは、飲酒臨戦モードになっていた。そんな彼を前にすれば、Bも諾々と杯をあおるしかない。

国立西洋美術館（台東区上野、筆者撮影）

「そもそも、飛行機が出てくるまでは、人は船で海を渡っていた」

Aの話は、しばらく続いた。

蒸気機関の発明によって、一九世紀後半には帆船から蒸気船へ、木造船から鉄鋼船へと船舶は革新的な進化をとげた。外輪船に比してスクリュー船が優勢となり、さらには、一九〇〇年代前半、燃料が石炭から重油へと移行し、石炭を焚く火夫が不要になった。その結果、船体はより大型化し、速力は向上し、利用可能な船内空間が増え、船影は全体的にふっくらとなった。

一九二〇～三〇年代、時代はもっとも華やかな大型豪華客船時代を迎えた。それは、過去の華美な装飾を排した、合目的性を追求する機械製品としての船の時代でもあった。

「たいそうな船舶史の講義もいいけど、いつになったらコルビュジエが登場するんだ」

しびれを切らし、BはAに次の展開を急かせる。

「…そうした船の合目的性重視の設計が、当時の建築家の注目するところとなったんだ。どこかの宮殿のような華美で重苦しい建築ではなく、合理性を追求したシンプルな建築…って感じかな」

Aはそこまで言うと、一息つき、杯を乾した。

「やっと、船と建築家がつながった。多くの建築家が船の合目的性重視の設計に刺激され、そのひとりがコルビュジェだったってことだな。それで?」

「Bくん、そう急かさないでくれ。夜は長いんだから」

「長くないよ。今日は一軒で切り上げるからね」

道ひとつ隔てて、そこは銀座のネオン街。一瞥すると、並木通りには多くの酔人と妙齢の着物姿が屯《たむろ》している。

「たとえば、ドイツの大型豪華客船でブレーメン号という客船があるんだけど、その流線型の外観がコルビュジエはじめ多くの建築家を魅了したんだ」

「流線型に魅力を感じたのは、機能性を考えてのことだったの?」

「それもあるけど、あくまでもそのデザインだろうね」

「デザインって、Aくん、デザインにくわしいのかい?」

BはAのデザインに関する知識などはなから信用していなかったが、自慢げに話すAが癪にさわり、皮肉のひとつやふたつ言ってみたくなった。

大型豪華客船時代の幕開けを飾ったのは、英国の「モーレタニア号」（一九〇七年竣工、三万一九三八総トン）であった。その後、海難史に残る「タイタニック号」（一九一二年竣工、四万六三二八総トン）―世界で最初にSOS無線を発した―、英国「アキタニア号」（一九一四年竣工、四万五六四七総トン）、フランスの「イル・ド・フランス号」（一九二七年竣工、四万三一五三総トン）、そして、飛行船ツェッペリン号が世界一周の旅に出た一九二九年に竣工した「ブレーメン号」（五万一六五六総トン）などが続く。一九二九年竣工の「ブレーメン号」は全長二八六・一メートル、全幅三一メートル、速力二七・五ノット、乗客定員二二三九人、乗組員九六六人という大型豪華客船で、流線型の船体は見る人にシャープな印象を与え、日本郵船の客船「浅間丸」（一九二九年竣工、一万七四九八総トン）のブリッジにも取り入れられた。

「建築家に与えた影響は、流線型のデザインだけじゃない！」

Aは、客船自体が住宅の概念を変えたことを口にした。

「多くの人を乗せる客船はひとつの都市空間であり、そうしたコンセプトは、たとえば、コルビュジエにすべての都市機能を包摂する「集合住宅」、すなわち、プール、レストラン、ショッピングセンター、ゆとりある屋上、病院やちょっとした遊びの空間を有する集合住宅というアイデアを授けたんだ」

Aの口がなかなかふさがらない。

「Aくん。たしかに、船と建築の関係はおもしろい」

「でしょっ。ほかにもあるんだ」

今度は、Aは煙突（ファンネル）の話を始めた。

「建築家たちは、船の煙突にも注目した。船の煙突は外観を美しくみせるポイント、という着想だね」

豪華客船時代初期の船、たとえば、「モーレタニア号」の煙突は、排煙で船体が汚れないよう背高くつくられた。しかし、「ブレーメン号」然り、豪華客船時代を代表するといってもいいフランスの「ノルマンディ号」（一九三五年竣工、七万九二八〇総トン）にいたっては、その高さは見るからに低く、断面が楕円形の煙突となっている。そして、その〝ちょこん〟とした存在感は、建物の屋上にアクセントとしてもってこいだった。

Aの談を補足すれば、建築家たちは、ほかにも多くのことを船から学んだ。白く塗装された清潔な船体に感化され――船底は海中生物が付着しにくい成分を含んだ赤い塗料、頻繁に海水を浴びる船体の側面は汚れの目立たない黒色の塗料、そして、上の居住区は衛生管理、美的観点から白い塗料で化粧されることが多かった――、多くの白い建物を世に送り出した。外観に変化をつける丸窓も、船のデザインからヒントを得た。

「船も捨てたもんじゃないだろ」

Aは、少々呂律がまわらないながら、最後はアバウトな説明で締めた。しかし、Bにすれば、Aの別の一面をみることができ、しかもじつにおもしろい話を聞けたことで、おいしい酒が飲めたと満足しきりだった。（日本は海事・海洋立国なんだから、「船と○○」というシリーズでいろいろな話ができそうだ。たとえば、「船と小説家」、「船と音楽家」、「船と画家」、…と）、Bの心は踊った。

「Aくん、ぜひともつぎのネタを仕入れてくれ。今回みたいな、「船と○○」というテーマで！」

Bは、Aに顔を向けた。

「いいよ…」

酔ったのか、あるいは〝一仕事〟終えた安堵感からか、Aの首がカクンと折れた。（船旅にでも出たのかもしれないな）…Bは、Aの寝顔を肴にその夜最後の杯を乾した。


【参考文献】

日本郵船歴史博物館「船↓建築―ル・コルビュジエがめざしたもの」（二〇一〇年）

エピローグ

船舶金融（法）論を専門テーマとして扱ってきた筆者にとって本書は分を超えたものではありますが、脱稿に至って、『波濤列伝』（海文堂出版）のときと同じくある種の興奮を覚えています。

前書『波濤列伝』の主題が海を舞台にした「人」であるのに対し、本書は舞台こそ同じ海ながら「船」を主題としています。さりながら、改めて思うことは、「本書は、（船を前面に押し出してはいるが）あくまでも「人」の話である」ということです。おそらくそれは、偉大なる先人たちが「船」という動産―登記・登録された船舶は法的には不動産に準じて扱われる―を名脇役としてあまたの感動譚を紡いできているからでしょう。

本書を読み進めていただくなかで、「あれっ、この人物はどこかで登場したような」、「あれっ、この船はどこかで出てきたような」といった発見があるとすればそれもまた本書の企図するところであり、本書と対をなす先出の『波濤列伝』とあわせて読んでいただきたいと願う理由でもあります。

繰り返しになりますが、本書で紹介しているのは「船」の物語ですが、海に生きた先人たちの心温まる話であり、語り継がれるべき史実でもあります。また、本書には、旅心をくすぐる旅行ガイドブックとしての一面もあります。本書を多くの方々に読んでいただき、先人たちの思い、その思いを育んだ風土、歴史、文化、そして何よりも、本書の主人公である「船」に思いを馳せていただければ筆者の望外の喜びとするところです。

最後になりますが、本書を書き上げるうえで参考文献の著者として名を挙げさせていただいた方々、取材に応じていただいた多くの方々に深く感謝するとともに、本書執筆の機会を提供していただいた日本海事新聞社の沖田一弘氏、編集の労をとっていただいた海文堂出版の臣永真氏にこの場を借りて御礼申し上げます。

愚痴ひとつこぼさず取材旅行に付き合ってくれた妻の千重、視覚的なアイデアを与えてくれた長女の

志織、読み手の視点を提供してくれた次女の真央に、
私事にて恐縮ながら本書を捧げます。

二〇一八年五月　東京錦糸町の自宅にて

木原 知己

【著者紹介】

木原 知己（きはら ともみ）

1960年，種子島生まれ。九州大学法学部を卒業後、日本長期信用銀行（現新生銀行）ほかで船舶金融を担当。現在、早稲田大学大学院法学研究科非常勤講師、同大学海法研究所招聘研究員、同大学船舶金融法研究会主宰、センチパートナーズ㈱代表取締役、海事振興連盟３号会員、海洋立国懇話会理事、などを努める。著書に、『シップファイナンス（増補改訂版）』（海事プレス社、住田海事奨励賞受賞）、『船主経営の視座』（同）、『波濤列伝』（海文堂出版）、『船舶金融法の諸相』（編著、成文堂）、『船舶金融論』（海文堂出版、山縣勝見賞著作賞受賞）がある。

ISBN978-4-303-63423-0

号丸譚　心震わす船のものがたり

2018年6月20日　初版発行

著　者　木原知己　検印省略

発行者　岡田節夫

発行所　海文堂出版株式会社

本　社　東京都文京区水道2-5-4（〒112-0005）

電話 03（3815）3291㈹　FAX 03（3815）3953

http://www.kaibundo.jp/

支　社　神戸市中央区元町通3-5-10（〒650-0022）

日本書籍出版協会会員・工学書協会会員・自然科学書協会会員

PRINTED IN JAPAN　　印刷　東光整版印刷／製本　誠製本